计算机 *易学易用* 经典教程系列丛书

中文版
CorelDRAW X5
经典教程

夏宏林 编著

海洋出版社
2011年·北京

内容简介

本书是专为想在较短时间内学习并掌握图形处理软件 CorelDRAW X5 的使用方法和技巧而编写的教程。本书语言平实，内容丰富、专业，并采用了由浅入深、图文并茂的叙述方式，从最基本的技能和知识点开始，辅以大量的上机实例作为导引，帮助读者轻松掌握中文版 CorelDRAW X5 的基本知识与操作技能，并做到活学活用。

本书内容：全书由 9 章构成，包括 CorelDRAW X5 基本操作、绘制图形、绘制曲线与线段、图形的轮廓与填充、图形的编辑、文本的输入与编辑、创建交互式效果、位图的编辑，最后通过 18 个典型实例全面系统地介绍了使用 CorelDRAW X5 处理图形的各种技巧。

本书特点：1. 拿来就用——本书中的实例大多为作者实际工作需要和多年经验的总结。2. 一学就会——体例新颖，易学易用。每一个重要知识点和相关技巧，都配备了经典易懂的范例娓娓道来，结合实际应用详细地讲解，上机实战让学习由被动变主动，书中时时恰到好处的提示，如点睛之笔，让人茅塞顿开，一学就会。3. 量身定制——由浅入深、循序渐进、系统全面，为职业院校和培训班量身打造。

光盘说明：53 个典型实例的教学视频文件+电子课件+素材及范例源文件。

适用对象：各类计算机培训中心和职业院校平面设计课程优秀教材，也可作为广大初、中级读者实用的自学指导书。

图书在版编目(CIP)数据

中文版 CorelDRAW X5 经典教程/夏宏林编著.—北京：海洋出版社，2011.7
ISBN 978-7-5027-8037-1

Ⅰ.①中… Ⅱ.①夏… Ⅲ.①图形软件，CorelDRAW X5—教材 Ⅳ.①TP391.41

中国版本图书馆 CIP 数据核字（2011）第 106731 号

总 策 划：刘 斌	发 行 部：(010) 62173651（传真）(010) 62132549
责任编辑：刘 斌	(010) 68038093（邮购）(010) 62100077
责任校对：肖新民	网　　址：www.oceanpress.com.cn
责任印制：刘志恒	承　　印：北京华正印刷有限公司印刷
排　　版：海洋计算机图书输出中心　晓阳	版　　次：2011 年 7 月第 1 版
	2011 年 7 月第 1 次印刷
出版发行：海洋出版社	开　　本：787mm×1092mm　1/16
地　　址：北京市海淀区大慧寺路 8 号（716 房间）	印　　张：15
100081	字　　数：348 千字
经　　销：新华书店	印　　数：1~4000 册
技术支持：(010) 62100055	定　　价：29.00 元（含 1CD）

本书如有印、装质量问题可与发行部调换

丛 书 序 言

首先感谢您对海洋出版社计算机图书的支持和厚爱！

"计算机易学易用经典教程"系列丛书，是通过我们对中高职院校相关专业以及社会相关培训机构长达数年的调研基础上，精心组织了一批长期在第一线进行计算机培训的教育专家、学者，结合培训班授课和讲座的需要编写而成的。

在长期的出版过程中，许多热心的读者反映，在他们所接触的计算机培训教材中，常常有学完后依旧腹中空空的感觉，在面对实际问题时依旧无法顺利地解决，不能做到学以致用。或者是有些教材编写晦涩，让人难以理解，这些都影响他们迅速地掌握相关的计算机技能。

我们编写这套书的立足点就是一个"易"字，内容通俗易懂，并且辅以大量的上机实战，容易学、容易用，即使是初学者，也容易快速的上手，最大限度地调动读者的学习兴趣，同时知识点广泛，举一反三，环环相扣，意境深远，力图将最实用最完整的知识呈现出来，让读者轻松掌握操作电脑的技能。

一、本系列丛书内容特点

1. 拿来就用——实际工作的需要和多年经验的总结

本系列丛书的作者具有丰富的一线实际工作经验和教学经验，书中的技巧以及范例的实用性强，许多范例都是作者在实际工作中遇到并解决了的问题，读者学会后拿来就用。

2. 一学就会——丰富的范例和软件功能紧密结合

每一个重点的软件功能、工具以及知识点，都配备了经典易懂的范例娓娓道来，结合实际详细地讲解，上机实战让学习由被动变主动，书中时时恰到好处的提示，如点睛之笔，让人茅塞顿开，一学就会。

3. 量身定制——由浅入深、循序渐进、系统全面，为培训班量身打造

本系列丛书重点在快速掌握软件的操作技能，边讲边练、讲练结合，内容系统全面、由浅入深、循序渐进、知识点丰富而又有层次。每一节都有明确的学习目标，以及相关的重点难点释疑，每章后既有课后思考又有相应的上机实训，巩固成果、学以致用。

4. 配备光盘——方便、实用

本系列丛书在出版时多方面考虑读者在使用时的方便，书中范例中用的素材文件以及源文件都附在光盘中，重要实例都配备了语音视频文件，犹如老师在身边一般，手把手地教您学习！同时为方便教学需求，有些光盘中还配备了电子教案。

二、本系列丛书的内容

1. 中文版 Photoshop CS4 经典教程
2. 五笔字型经典教程
3. 计算机硬件组装与维修经典教程
4. 中文版 AutoCAD 2009 经典教程

5. PowerPoint 2007 演示文稿制作经典教程
6. 中文版 Flash CS4 经典教程
7. 中文版 CorelDRAW X4 经典教程
8. 中文版 Illustrator CS4 经典教程
9. 中文版 CorelDRAW X5 经典教程

三、读者定位

本系列教材即使全国高等职业院校计算机专业首选教材，又是社会相关领域初中级电脑培训班的最佳教材，同时也可作为广大初中级用户的自学指导书。

希望计算机易学易用经典教程系列丛书能对我国计算机技能型专业技术人才市场的发展壮大，以及计算机技术的普及贡献一份力量。

前言 Preface

CorelDRAW 是目前全球主流的图形制作软件。利用 CorelDRAW 可以方便、快捷地制作各种基本图形、各类卡片、广告图案、文字效果、平面及网页等各种专业图形。

经过多次升级，CorelDRAW 在矢量图形处理上的功能得到不断完善和增强。最新版的 CorelDRAW X5 新增和改进了许多功能，包括增强的版面工具、改进文本、新的设计资源、重新设计的用户界面、新增剪贴画等。

本书遵循由浅入深、循序渐进的教学原则，根据 CorelDRAW X5 初学者的特点与需求，在介绍 CorelDRAW X5 基本知识的基础上，强调上机动手操作，并针对 CorelDRAW X5 图形制作过程中的一些常见疑难问题进行了解答，简单明了，丰富实用，帮助读者在最短的时间内掌握 CorelDRAW X5 图形制作的知识与技能。

本书共计 9 章，主要内容如下：

第 1 章：CorelDRAW X5 基本操作。介绍了 CorelDRAW X5 的工作原理、工作界面、文档基本操作、工作环境设置、辅助工具、打印输出等。

第 2 章：绘制图形。介绍了 CorelDRAW X5 中绘图工具的使用方法与操作技能，包括矩形工具、3 点矩形工具、椭圆形工具、3 点椭圆形工具、智能绘图工具、多边形工具、图纸工具、螺纹工具、完美形状工具和表格工具等。

第 3 章：绘制曲线与线段。介绍了绘制曲线与线段工具的使用方法与技巧，包括手绘工具、贝塞尔工具、艺术笔工具、折线工具、形状工具、刻刀工具、橡皮擦工具、涂抹笔刷工具和粗糙笔刷工具等。

第 4 章：图形的轮廓与填充。介绍了图形的轮廓与填充的操作方法，包括图形的轮廓、图形的填充、交互式填充和滴管与颜料桶工具等。

第 5 章：图形的编辑。介绍了图形的编辑处理，包括图形的基本编辑、图形的变换、对象的管理、图框精确剪裁、为对象造形和处理表格等。

第 6 章：文本的输入与编辑。介绍了 CorelDRAW X5 中文本的应用，包括创建文本、编辑文本和文本的特殊处理等。

第 7 章：创建交互式效果。介绍了在 CorelDRAW X5 中创建交互式效果的工具，包括交互式调和工具、交互式轮廓图工具、交互式变形工具、交互式阴影工具、交互式封套工具、交互式立体化工具、交互式透明工具、交互式工具泊坞窗、透镜命令和透视命令等。

第 8 章：位图的编辑。介绍了 CorelDRAW X5 中位图的使用方法与技巧，包括导入位图、裁切位图、矢量图形转换为位图、位图转换为矢量图形、改变位图的色彩模式、位图色彩的调整和变换、滤镜的应用等。

第 9 章：综合实例。介绍了一些 CorelDRAW X5 矢量绘图与平面设计的综合实例。

为了方便读者学习，本书配套光盘提供了全书各章中所涉及的全部 CorelDRAW X5 源文档和素材文件，各章中的上机实战及综合案例都录制成视频教程，可供读者参考使用。

本书由夏宏林编著，参与编写的还有方宇、张丽、王萌萌、周贵、李鹏、严明明、张志山、马云飞、李宇民、姜丽丽、吴启鹏、李鹏程、衡忠兵、李志刚、冯建强、金建伟、吴海英等。

编　者

目录 Contents

第1章　CorelDRAW X5的基本操作 1

- 1.1 CorelDRAW的工作原理 1
- 1.2 CorelDRAW X5新增功能 1
- 1.3 CorelDRAW X5工作界面 2
- 1.4 文档的操作 4
  - 1.4.1 新建图形文件 4
  - 1.4.2 打开图形文件 5
  - 1.4.3 保存图形文件 6
  - 1.4.4 关闭文件 7
- 1.5 导入与导出文件 7
  - 1.5.1 导入文件 7
  - 1.5.2 导出文件 8
- 1.6 工作环境设置 9
  - 1.6.1 版面设置 9
  - 1.6.2 页面管理 10
- 1.7 设置页面的显示方式 11
- 1.8 辅助工具的使用 13
  - 1.8.1 网格 13
  - 1.8.2 标尺 14
  - 1.8.3 辅助线 15
  - 1.8.4 缩放工具和手形工具 16
- 1.9 打印与输出 17
  - 1.9.1 添加打印作业 18
  - 1.9.2 打印预览 18
- 1.10 本章小结 19
- 1.11 习题 19

第2章　绘制图形 21

- 2.1 矩形工具 21
- 2.2 3点矩形工具 22
- 2.3 椭圆形工具 23
- 2.4 3点椭圆形工具 24
- 2.5 智能绘图工具 24
- 2.6 多边形工具 25
- 2.7 图纸工具 26
- 2.8 螺纹工具 27
- 2.9 完美形状工具 28
- 2.10 表格工具 29
- 2.11 上机实战 31
  - 2.11.1 制作足球 31
  - 2.11.2 制作警告牌 33
  - 2.11.3 制作器皿 34
  - 2.11.4 五子棋 37
  - 2.11.5 蜜蜂飞行 38
- 2.12 本章小结 40
- 2.13 习题 41

第3章　绘制曲线与线段 42

- 3.1 手绘工具 42
- 3.2 贝塞尔工具 43
- 3.3 艺术笔工具 44
- 3.4 折线工具 46
- 3.5 形状工具 46
- 3.6 刻刀工具 48
- 3.7 橡皮擦工具 49
- 3.8 涂抹笔刷工具 50
- 3.9 粗糙笔刷 51
- 3.10 上机实战 52
  - 3.10.1 卡通狗 52
  - 3.10.2 标靶 53
  - 3.10.3 仕女图 55
  - 3.10.4 白加黑 56
  - 3.10.5 日式插画 57
- 3.11 本章小结 60
- 3.12 习题 60

第4章 图形的轮廓与填充 61

4.1 图形的轮廓 ... 61
- 4.1.1 轮廓笔 ... 61
- 4.1.2 轮廓颜色 ... 63
- 4.1.3 无轮廓和轮廓预设值 ... 63

4.2 图形的填充 ... 63
- 4.2.1 均匀填充 ... 64
- 4.2.2 渐变填充 ... 64
- 4.2.3 图样填充 ... 66
- 4.2.4 底纹填充 ... 67
- 4.2.5 PostScript填充 ... 68

4.3 交互式填充 ... 69
- 4.3.1 交互式填充工具 ... 69
- 4.3.2 网状填充工具 ... 70

4.4 颜色滴管工具与属性滴管工具 ... 71

4.5 上机实战 ... 72
- 4.5.1 制作钢笔 ... 72
- 4.5.2 制作填充字 ... 73
- 4.5.3 折扇 ... 74
- 4.5.4 太空图 ... 76
- 4.5.5 小屋 ... 79

4.6 本章小结 ... 83
4.7 习题 ... 83

第5章 图形的编辑 ... 84

5.1 图形的基本编辑 ... 84
- 5.1.1 选择图形 ... 84
- 5.1.2 移动图形 ... 85
- 5.1.3 复制和粘贴图形 ... 85
- 5.1.4 再制图形 ... 86
- 5.1.5 剪切图形 ... 87
- 5.1.6 删除图形 ... 87
- 5.1.7 使用虚拟段删除工具 ... 87

5.2 图形的变换 ... 88
- 5.2.1 利用选择工具变换图形 ... 88
- 5.2.2 利用泊坞窗变换图形 ... 89
- 5.2.3 利用自由变换工具变换图形 ... 92

5.3 对象的管理 ... 92
- 5.3.1 组合对象与取消组合 ... 92
- 5.3.2 合并对象与取消合并 ... 92
- 5.3.3 调整对象的顺序 ... 93
- 5.3.4 锁定对象与解除锁定 ... 94
- 5.3.5 对齐和分布对象 ... 95

5.4 图框精确剪裁 ... 96
- 5.4.1 创建图框精确剪裁 ... 96
- 5.4.2 编辑内容 ... 97
- 5.4.3 提取内容 ... 97

5.5 造形 ... 98
- 5.5.1 焊接 ... 98
- 5.5.2 修剪 ... 99
- 5.5.3 相交 ... 99
- 5.5.4 简化 ... 100
- 5.5.5 移除后面对象 ... 100
- 5.5.6 移除前面对象 ... 101

5.6 处理表格 ... 101
- 5.6.1 向绘图添加表格 ... 101
- 5.6.2 编辑表格 ... 102

5.7 上机实战 ... 105
- 5.7.1 制作光盘 ... 106
- 5.7.2 纹理效果 ... 109
- 5.7.3 四通标志 ... 110
- 5.7.4 镂空文字 ... 112
- 5.7.5 太极图 ... 113

5.8 本章小结 ... 116
5.9 习题 ... 116

第6章 文本的输入与编辑 ... 117

6.1 创建文本 ... 117
- 6.1.1 输入美术字文本 ... 117
- 6.1.2 输入段落文本 ... 117
- 6.1.3 导入文本 ... 118

6.2 编辑文本 ... 119
- 6.2.1 选择文本 ... 119
- 6.2.2 移动文本 ... 120
- 6.2.3 设置文本的属性 ... 120
- 6.2.4 设置文本颜色 ... 121
- 6.2.5 使用【编辑文本】对话框 ... 121

6.3 文本的特殊处理 ... 122
- 6.3.1 美术字与段落文本的转换 ... 123
- 6.3.2 文本适合路径 ... 123
- 6.3.3 文本绕图效果 ... 125
- 6.3.4 在文本中嵌入图片 ... 126
- 6.3.5 插入特殊字符 ... 127

6.4 上机实战 ... 128
- 6.4.1 填充字 ... 128
- 6.4.2 制作热卖广告 ... 129
- 6.4.3 制作变体文字 ... 131
- 6.4.4 创意无极限 ... 133
- 6.4.5 徽标 ... 135

| 6.5 | 本章小结 | 137 |
| 6.6 | 习题 | 137 |

第7章　创建交互式效果 138

7.1	交互式调和工具	138
7.2	交互式轮廓线工具	140
7.3	交互式变形工具	142
7.4	交互式阴影工具	143
7.5	交互式封套工具	146
7.6	交互式立体化工具	148
7.7	交互式透明度工具	151
7.8	交互式工具泊坞窗	152
7.9	复制效果命令和克隆效果命令	152
7.10	透镜命令	154
7.11	添加透视命令	155
7.12	上机实战	155
	7.12.1　风俗画	156
	7.12.2　海豚图	157
	7.12.3　邮票	159
	7.12.4　立体标志	161
	7.12.5　指示牌	163
7.13	本章小结	165
7.14	习题	165

第8章　位图的编辑 166

8.1	导入位图	166
8.2	裁切位图	166
8.3	矢量图形转换为位图	167
8.4	位图转换为矢量图形	168
8.5	改变位图的色彩模式	168
	8.5.1　改变颜色模式为灰度	169
	8.5.2　改变颜色模式为双色调	169
8.6	位图色彩的调整和变换	170
	8.6.1　调整位图的色彩	170
	8.6.2　变换位图的色彩	173
8.7	滤镜	174
	8.7.1　滤镜简介	174
	8.7.2　滤镜的使用	174
	8.7.3　添加外挂滤镜	174
8.8	上机实战	175
	8.8.1　制作边框	175
	8.8.2　下雨效果	176
	8.8.3　制作古钱币	177
	8.8.4　梦幻人生效果	181
	8.8.5　底片效果	183
8.9	本章小结	185
8.10	习题	185

第9章　综合案例 186

9.1	卡片设计	186
	9.1.1　贵宾卡	186
	9.1.2　银行卡	188
9.2	标志设计	190
	9.2.1　宝马汽车标志	190
	9.2.2　视窗标志	192
9.3	平面广告设计	195
	9.3.1　手机广告	195
	9.3.2　音乐会海报	197
	9.3.3　剧院入场券	200
9.4	光盘盘面	203
9.5	POP广告	204
	9.5.1　笔记本电脑POP广告	204
	9.5.2　钻戒POP广告	206
9.6	折页广告	208
	9.6.1　手表折页广告	208
	9.6.2　房地产三折页广告	210
9.7	年历	213
9.8	户外广告	215
	9.8.1　灯箱广告	216
	9.8.2　高立柱广告	218
9.9	包装设计	220
	9.9.1　美容产品包装袋	220
	9.9.2　产品包装盒	223
9.10	书籍封面设计	225

习题参考答案 229

第1章　CorelDRAW X5的基本操作

内容提要

中文版 CorelDRAW X5 是加拿大 Corel 公司推出的 CorelDRAW Graphics Suite X5 系列软件的核心程序，是目前应用得最为广泛的图形绘制、平面设计软件。本章将介绍 CorelDRAW X5 的基本知识与基础操作。

1.1 CorelDRAW X5的工作原理

CorelDRAW X5 作为专业的矢量绘图软件，一直处在不断的完善和发展中。现在它已拥有在平面图形编辑处理方面强大、全面的功能优势。CorelDRAW X5 一直以来都是设计工作者进行平面图形制作的首选工具软件，正确、合理地利用软件提供的功能，可以设计绘制出精彩优秀的平面作品。

CorelDRAW X5 是一款基于矢量的绘图软件，它在操作上具有面向对象的特点。

1. 基于矢量

在计算机中，图形分为矢量图形和点阵图形两种，两种图形产生的机理完全不同。CorelDRAW X5 是一个矢量绘图软件，它的绘图原理是以矢量图形为基础的。

矢量图形由许多矢量构成，每一个矢量都是一个相对独立的实体，拥有形状、颜色、大小、轮廓、在屏幕中的位置等属性。

矢量图的最大优势就在于它不会因为放大或缩小等操作而使图形的清晰度发生变化。由于矢量图文件的容量小，有利于加快屏幕显示速度和打印速度。

通过 CorelDRAW X5，我们可以方便地对矢量的属性进行调整，改变它的大小、颜色、形状、弯曲程度、位置等，而不会对图形中的其他矢量造成影响。

另外，文字在 CorelDRAW X5 中也被认为是一种矢量，故它可以很方便地与图形相结合。

2. 面向对象

在 CorelDRAW X5 中，对象泛指绘图中的一个元素，如图像、形状、直线、文本、曲线、符号或图层。对象是 CorelDRAW X5 的基本操作单位。

在处理对象之前，必须首先选定对象。可以在群组或嵌套群组中选择可见对象、隐藏对象和单个对象。可以按创建对象的顺序选择对象。可以同时选择所有对象，也可以同时取消对多个对象的选定。

1.2 CorelDRAW X5新增功能

CorelDRAW X5 在版面工具、文本改进、设计资源、用户界面和工作流程等方面有了增强、改进，可以为用户的工作带来更多的乐趣。

1. 专业完善的矢量图形绘制功能

CorelDRAW X5 在计算机图形图像领域，一直保持着专业的领先地位，尤其在矢量图形的绘制与编辑方面的强大功能，目前几乎没有其他的平面图形编辑软件能与之相比，为 CorelDRAW X5 在各种平面图案设计中的广泛应用提供了强有力的支持。

2. 优秀的色彩编辑应用功能

CorelDRAW X5 为绘制的图形对象提供了完善的色彩编辑功能，利用各种色彩填充和编辑工具，可以轻松地为图形对象设置丰富的色彩效果，并且可以在图形对象之间进行色彩属性的复制，为进行色彩修改提供了方便，有助于提高绘图编辑的工作效率。

3. 完善全面的位图效果处理功能

作为一款专业的图像处理软件，对位图的导入使用和效果处理自然是不可缺少的。在 CorelDRAW X5 中，同样为位图的效果处理提供了丰富的编辑功能。使用者可以在进行平面设计时，导入、使用各种格式的位图文件。

4. 完善的文字编排功能

文字是平面设计作品中重要的组成元素。CorelDRAW X5 提供了对文字内容的各种编辑功能，除了可以美术文本和段落文本两种方式对文字进行不同的编排处理，还可对输入的文字对象以矢量图形的方式进行处理，方便应用各种图形编辑效果。

5. 支持多页面的复杂图形编辑

支持多页面的图形内容编辑，是 CorelDRAW X5 的一大特色，可支持具有系列化内容的大型平面作品设计制作。

6. 良好的兼容支持

平面图形的设计表现已经成为计算机应用领域中各种信息的基本表现方式，美观、优秀的图形视觉效果，可以为信息的有效传播提供有力辅助。CorelDRAW X5 除了可以兼容使用多种格式的文件内容外，还支持将编辑好的图形内容以多种方式进行输出发布，例如可以将绘制好的矢量图形输出为 AI 格式的路径文件，方便在如 Photoshop、Flash 等图形编辑软件中导入使用。

1.3 CorelDRAW X5工作界面

在 Windows 中安装好 CorelDRAW X5 之后，单击【开始】→【所有程序】→ CorelDRAW Graphics Suite X5 → CorelDRAW X5 命令，即可启动 CorelDRAW X5，如图 1-1 所示。

作为一个典型的 Windows 应用程序，CorelDRAW X5 的工作界面包括：标题栏、菜单栏、工具栏、工具箱、属性栏、等等。下面分别加以简单的介绍。

（1）标题栏：位于窗口的正上方，显示当前正在编辑的文件名。

（2）菜单栏：CorelDRAW X5 菜单栏中包括 12 个菜单。

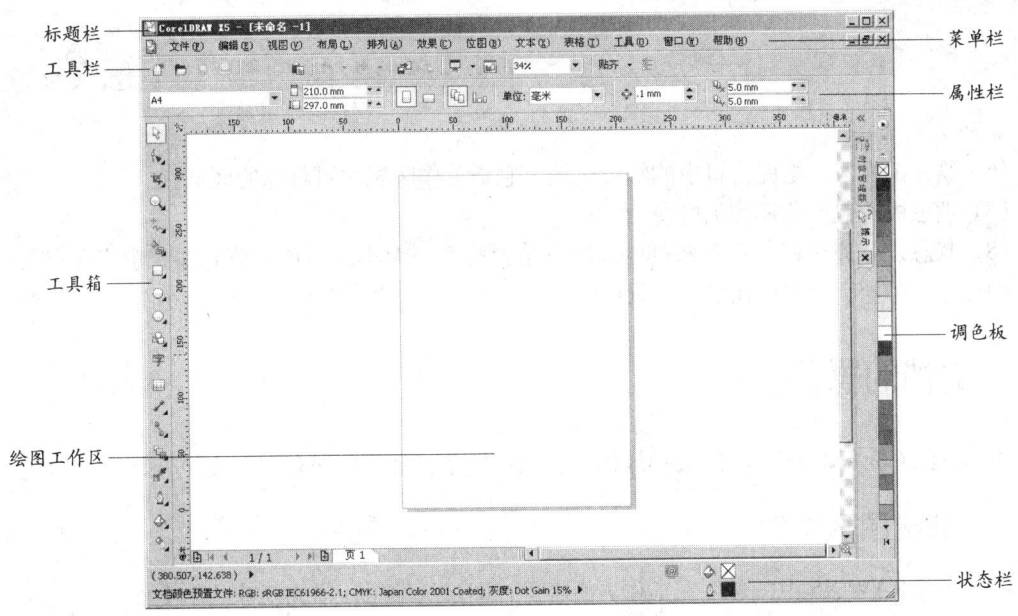

图1-1 CorelDRAW X5工作界面

选项说明

- 【文件】：该菜单主要包括文件的创建、保存、打开、打印、图形的导入/导出等命令。
- 【编辑】：通过该菜单可以实现对文件的复制、粘贴、再制、撤销、查找和替换等功能。
- 【视图】：通过该菜单可以设置标尺、网格、辅助线等。
- 【布局】：通过该菜单可以设置页面、页面背景、切换页面方向以及插入新页等。
- 【排列】：通过该菜单可以进行旋转对象、群组对象、结合对象、拆分对象以及修整对象等操作。
- 【效果】：通过该菜单可以给对象设置轮廓图、调和对象、立体化对象、给图像设置封套和透镜效果等。
- 【位图】：通过该菜单可以对位图转换色彩模式，设置三维效果、模糊效果等。
- 【文本】：通过该菜单可以编辑文本、建立链接、设置文本适合路径等。
- 【表格】：通过该菜单可以创建表格、编辑表格、将文本转换为表格等。
- 【工具】：通过该菜单可以打开或关闭各种工具面板。
- 【窗口】：通过该菜单可以新建窗口，打开或关闭各种调色板、泊坞窗等。
- 【帮助】：该菜单包括CorelDRAW X5的有关帮助信息、版本号以及相关技术支持等。

(3) 工具栏：工具栏由若干个工具按钮和下拉列表框组成，主要用于管理文件，如对文件进行新建、打开、保存、打印、剪切、复制和粘贴等操作，如图1-2所示。

图1-2 工具栏

(4) 属性栏：属性栏中包含了与当前所用工具或所选对象相关的属性设置，这些设置随着所用工具和所选对象的不同而变化，如图1-3所示为缩放工具的属性栏。

(5) 工具箱：通常情况下，工具箱位于窗口的左边。利用工具箱中的工具可选取对象、绘图，以及制作各种效果。在工具箱中，有些工具的右下角有一个黑色三角形，表示这是一个工具组，单击该黑色的三角形，会弹出工具组中隐藏的工具。如图1-4所示为处于浮动状态下的工具箱。

图1-3　缩放工具属性栏　　　　　　　　　　图1-4　工具箱

(6) 绘图工作区：绘图窗口中的矩形区域，它是工作区域中可打印的区域。
(7) 调色板：包含色样的泊坞窗。
(8) 状态栏：应用程序窗口底部的区域，包含类型、大小、颜色、填充和分辨率等有关对象属性的信息。另外，状态栏还显示了鼠标的当前位置。

1.4　文档的操作

本节介绍 CorelDRAW X5 的文档操作，包括：新建、打开及保存图形文件等。

1.4.1　新建图形文件

在 CorelDRAW X5 中，若要在工作界面中进行图形的编辑，需先新建一个文件。

——新建CorelDRAW图形文件

操作步骤

1 单击【文件】→【新建】命令，新建空白图形文件，如图 1-5 所示。

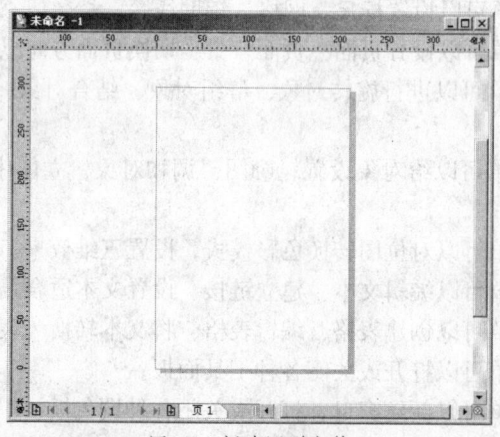

图1-5　新建图形文件

2 如果要根据模板新建文件，则单击【文件】→【从模板新建】命令，弹出【从模板新建】对话框，从中选择所需的模板文件，如图 1-6 所示。
3 单击【打开】按钮，即可从模板新建图形文件，如图 1-7 所示。

> **提示**　除了使用上述方法新建图形文件外，还有以下 3 种方法：
> 方法 1：启动 CorelDRAW X5 应用程序后，进入欢迎界面，单击【新建空白文档】超链接，可新建文件。
> 方法 2：单击【Ctrl + N】组合键。
> 方法 3：单击标准工具栏中的【新建】按钮。

CorelDRAW X5的基本操作 第1章

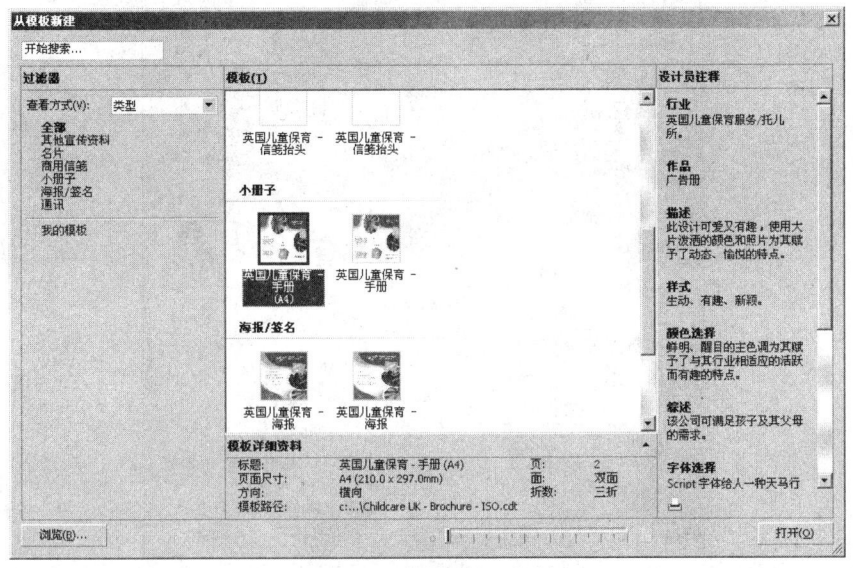

图1-6 【从模板新建】对话框

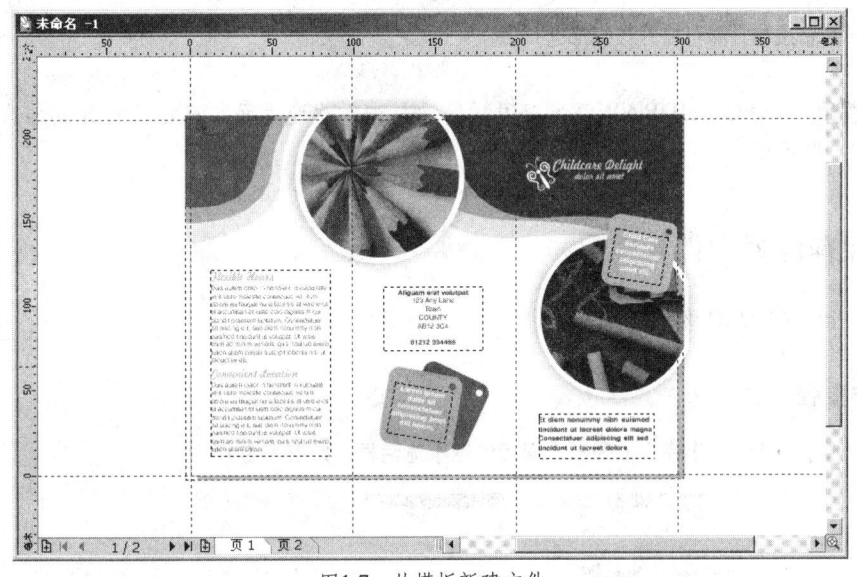

图1-7 从模板新建文件

1.4.2 打开图形文件

打开CorelDRAW X5图形文件

所用素材：光盘\素材\第1章\学习.wmf

操作步骤

1 单击【文件】→【打开】命令，弹出【打开绘图】对话框，从中选择所需要的图形文件，如图1-8所示。

> **提示** 选中【预览】复选框，可以预览图形。

图1-8 【打开绘图】对话框

2 单击【打开】按钮，即可打开该图形文件。

> **提示** 启动 CorelDRAW X5 应用程序后，进入欢迎界面，单击【打开其他文档】按钮，也可以打开图形文件。

1.4.3 保存图形文件

保存CorelDRAW X5图形文件

操作步骤

1 单击【文件】→【保存】命令，弹出【保存绘图】对话框，如图1-9所示。

图1-9 【保存绘图】对话框

2 在【文件名】下拉列表框中输入文件名,否则将使用CorelDRAW X5默认的名称,比如:"图形1.cdr",等。
3 单击【保存】按钮,即可保存图形文件。

> **提示** 除了使用上述方法保存图形文件外,还有以下4种方法对编辑完成的图形文件进行保存:
> **方法1**:单击【文件】→【另存为】命令。
> **方法2**:单击【Ctrl + S】组合键。
> **方法3**:单击【Ctrl + Shift + S】组合键。
> **方法4**:单击标准工具栏中的【保存】按钮。

1.4.4 关闭文件

若用户已经完成对图形对象的编辑,则可将其关闭。

▎关闭CorelDRAW图形文件

操作步骤

1 单击【文件】→【关闭】命令。
2 此时弹出CorelDRAW X5提示框,提示用户是否保存图形文件,如图1-10所示。
3 单击【是】按钮,弹出【保存绘图】对话框,命名后单击【保存】按钮关闭文件;如果单击【否】按钮将直接关闭文件;单击【取消】按钮,则取消文件的关闭。

图1-10 提示框

> **提示** 除了使用上述方法关闭图形文件外,还有以下7种方法对图形文件进行关闭:
> **方法1**:单击【文件】→【退出】命令。
> **方法2**:单击【Ctrl + F4】组合键。
> **方法3**:单击【Alt + F4】组合键。
> **方法4**:单击菜单栏最右侧的【关闭】按钮。
> **方法5**:单击标题栏最右侧的【关闭】按钮。
> **方法6**:在标题栏左上角的程序图标上单击鼠标右键,在弹出的快捷菜单中选择【关闭】选项。
> **方法7**:在任务栏的CorelDRAW X5程序图标上单击鼠标右键,在弹出的快捷菜单中选择【关闭】选项。

1.5 导入与导出文件

CorelDRAW X5具有良好的兼容性,可以方便地将其他格式的文件导入到工作区中,也可将制作好的文件导出为其他的文件格式,以供其他软件使用。

1.5.1 导入文件

用户可以将JPG、T2FF等格式的文件导入到CorelDRAW X5中。

导入文件

> 所用素材：光盘\素材\第1章\小丑.jpg

操作步骤

1 单击【文件】→【导入】命令，弹出【导入】对话框，选择需要导入的 JPG 格式文件，如图 1-11 所示。

2 单击【导入】按钮，鼠标指针呈标尺形状，将其移至绘图页面的合适位置，如图 1-12 所示。

图1-11 【导入】对话框　　　　　图1-12 定位鼠标

3 单击鼠标左键，即可导入 JPG 格式的文件，调整其位置和大小，如图 1-13 所示。

> **提示** 除了使用上述方法可以导入文件外，还有以下 3 种方法：
> **方法 1**：单击【Ctrl + I】组合键。
> **方法 2**：单击标准工具栏中的【导入】按钮。
> **方法 3**：在绘图页面中单击鼠标右键，在弹出的快捷菜单中选择【导入】选项。

1.5.2 导出文件

图1-13 导入JPG格式文件

可以将图形文件导出为不同的文件格式，以供其他应用程序使用。

导出文件

> 所用素材：光盘\素材\第1章\士兵.cdr

操作步骤

1 单击【文件】→【打开】命令，打开一幅 CDR 格式的图形文件，如图 1-14 所示。

第1章 CorelDRAW X5的基本操作

2 单击【文件】→【导出】命令，弹出【导出】对话框，设置需要导出文件的路径和文件名，在【保存类型】下拉列表框中选择AI-Adobe Illustrator 选项，如图 1-15 所示。

3 单击【导出】按钮，弹出【Adobe Illustrator 导出】对话框，如图 1-16 所示。

4 单击【确定】按钮，即可将图形文件导出为 AI 格式的文件。

> **提示** 除了使用上述方法可以导出文件外，还有以下两种方法：
> **方法 1**：单击标准工具栏中的【导出】按钮。
> **方法 2**：单击【Ctrl+E】组合键。

图1-14 打开图形文件

图1-15 【导出】对话框

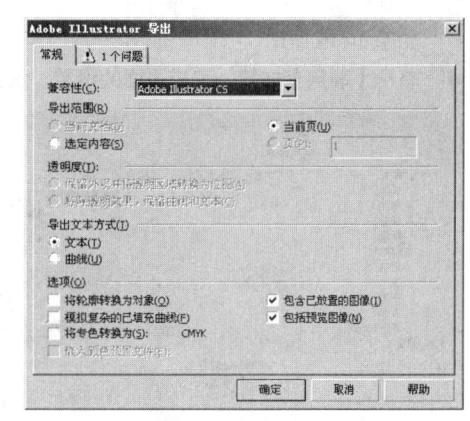

图1-16 【Adobe Illustrator 导出】对话框

1.6 工作环境设置

在开始绘图之前，用户应该了解 CorelDRAW X5 工作环境的一些基本设置，比如：版面设置、页面管理等。

1.6.1 版面设置

在默认情况下，启动 CorelDRAW X5 并新建图形文件，创建的将是一个纵向、A4 大小的页面。用户可以根据自己的需要改变页面的设置。

页面设置

所用素材：光盘\素材\第1章\人物.cdr

操作步骤

1 打开需要进行页面设置的文件，如图 1-17 所示。

9

2 单击【布局】→【页面设置】命令，弹出【选项】对话框，设置【方向】为【横向】，如图1-18所示。

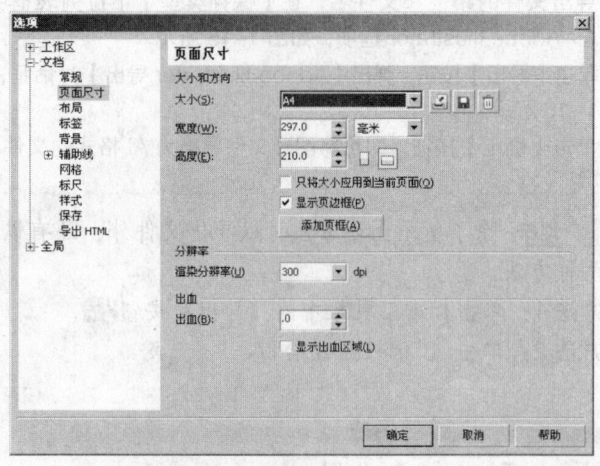

图1-17 打开文件　　　　　　　　　图1-18 设置页面为【横向】

3 选择左边列表框中【背景】选项，选择【纯色】单选按钮，单击颜色列表，从中为页面设置背景颜色，如图1-19所示。
4 单击【确定】按钮，完成页面的设置。设置页面后的效果如图1-20所示。

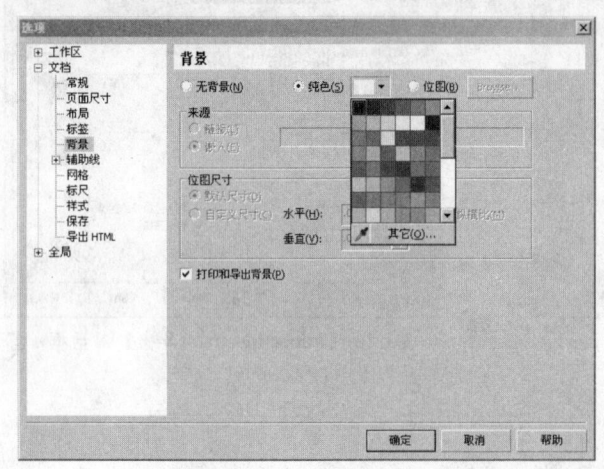

图1-19 为页面设置背景　　　　　　　图1-20 改变页面后的效果

1.6.2 页面管理

页面管理包括增加页面、重命名页面、删除页面等操作。

1. 增加页面

为了绘图的需要，常常要在文档中添加多个页面。

增加页面

操作步骤

1 单击【布局】→【插入页面】命令，将会弹出【插入页面】对话框，如图1-21所示。

图1-21 【插入页面】对话框

2 在【插入页面】对话框中，可以设置插入页面的数量、位置（前面或后面）、放置方式（纵向或横向）以及所使用的纸张类型等。

3 单击【确定】按钮，即可在文档中插入页面。

2. 重命名页面

当一个文档中包含多个页面时，应对页面分别设置名称，以便于识别。

重命名页面

操作步骤

1 选定要命名的页面。

2 单击【布局】→【重命名页面】命令，打开【重命名页面】对话框，如图 1-22 所示，在对话框中输入页面名称。

3 单击【确定】按钮，设定的页面名称将会显示于工作区窗口中。

图1-22 【重命名页面】对话框

3. 删除页面

当文档中的页面不再需要时，可以将其删除。

删除页面

操作步骤

1 单击【布局】→【删除页面】命令，此时会打开【删除页面】对话框，如图 1-23 所示。

2 在【删除页面】对话框中，可以设置删除某一页，也可以选择【通到页面】复选框，删除某一范围内的所有页。图 1-24 所示为删除第 2～3 页。

图1-23 【删除页面】对话框   图1-24 设置要删除的页面范围

3 单击【确定】按钮，即可删除设定的页面。

1.7 设置页面的显示方式

在应用 CorelDRAW X5 进行设计的过程中，经常通过改变绘图页面的显示模式以及显示比例来更加详细地观察所绘图形的整体或局部。下面将具体向读者介绍改变绘图页面显示模式以及显示比例的方法。

在菜单栏的【视图】菜单下有 3 种预览显示方式，分别为全屏预览、只预览选定的对象和页面排序器视图，如图 1-25 所示。

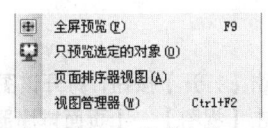

图1-25 预览方式

1. 全屏预览

单击【视图】→【全屏预览】命令，或单击【F9】键，即可隐藏绘图页面四周屏幕上的工具栏、菜单栏及所有的面板，以全屏的方式显示图像，单击任意键或单击鼠标左键，将取消全屏预览。

2. 只预览选定的对象

选择需要预览的某图形对象，单击【视图】→【只预览选定的对象】命令，即可对所选对象进行全屏预览。

3. 页面排序器视图

页面排序器视图可以对文件中的所有页面进行预览，在文档窗口中将多个页面的内容有序地排列显示出来。

应用页面排序器视图

所用素材：光盘\素材\第1章\头像.cdr

操作步骤

1 单击【文件】→【打开】命令，弹出【打开绘图】对话框，从中选择一个包含多个页面的CDR文件，如图1-26所示。

图1-26 【打开绘图】对话框

2 单击【打开】按钮，打开该图形文件。
3 单击【视图】→【页面排序器视图】命令，即可对文件中的所有页面进行预览，如图1-27所示。本例CDR文件中共包含了3个页面。

第1章 CorelDRAW X5的基本操作

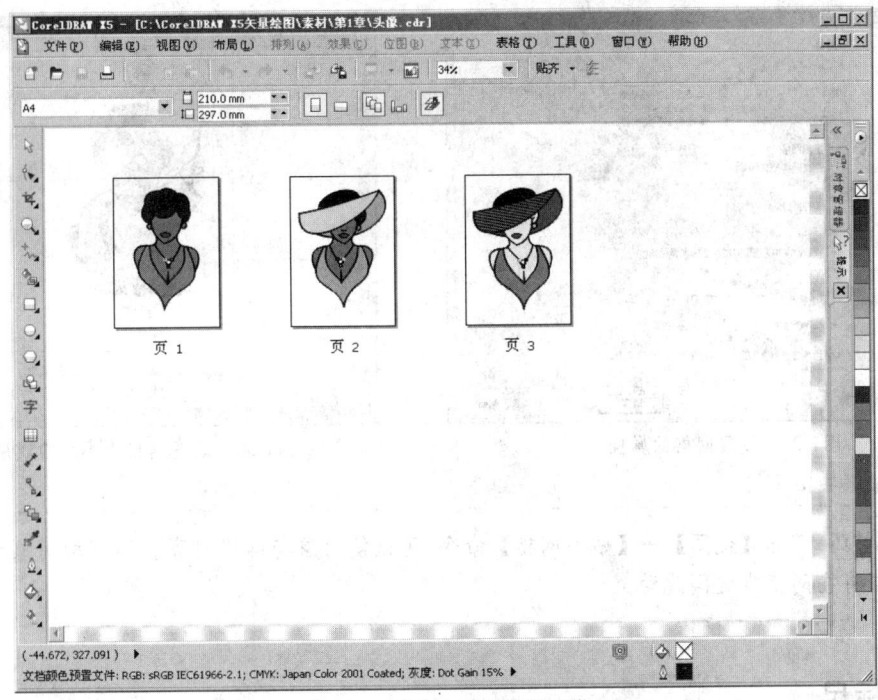

图1-27 对多个页面进行预览

1.8 辅助工具的使用

为了方便图形的绘制与编辑，CorelDRAW X5提供了一些辅助工具，包括网格、标尺、辅助线、缩放工具和手形工具等。

1.8.1 网格

网格是页面中一系列交叉的虚线，可用于精确地对齐和定位对象。

网格的使用

所用素材：光盘\素材\第1章\博士.wmf

操作步骤

1. 单击【视图】→【网格】命令，可在页面中显示网格，如图1-28所示。
2. 如果需要对网格进行调整，单击【视图】→【设置】→【网格和标尺设置】命令，弹出【选项】对话框，在左边的列表框中单击【网格】选项，然后在对话框的右侧对网格的属性进行调整，如图1-29所示。
3. 单击【确定】按钮，改变网格大小后的效果如图1-30所示。
4. 再次单击【视图】→【网格】命令，可隐藏网格。

图1-28 显示网格

13

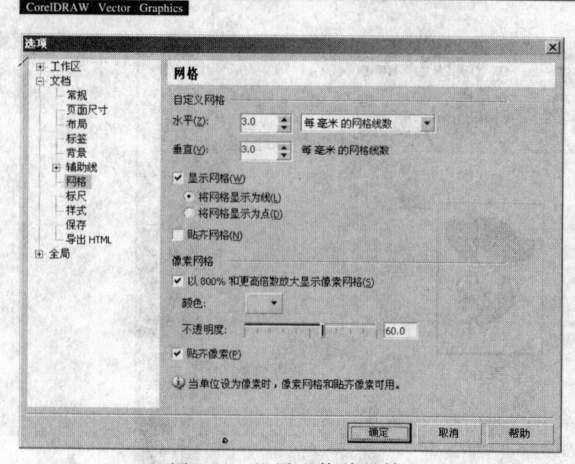

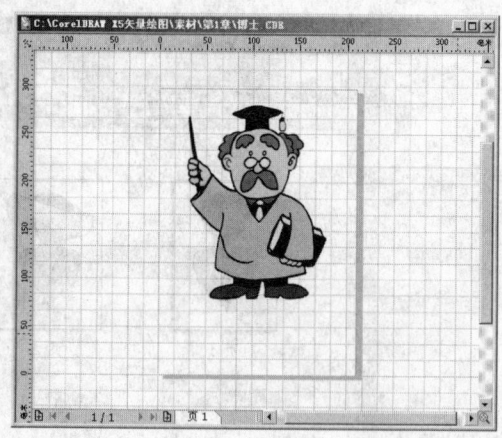

图1-29 设置网格的属性　　　　　　　　　　　　图1-30 改变网格大小后的效果

> **技巧** 单击【视图】→【贴齐网格】命令,可以使对象与网格对齐。当移动对象时,对象将在网格线之间跳动。

1.8.2 标尺

利用标尺,可准确地绘制、缩放和对齐图形对象。

标尺的使用

所用素材:光盘\素材\第1章\博士.wmf

操作步骤

1 单击【视图】→【标尺】命令,可在页面中显示标尺,如图1-31所示。

2 按住【Shift】键的同时,用鼠标单击标尺不放并拖拽,调整标尺的位置,如图1-32所示。

图1-31 显示标尺　　　　　　　　　　　　图1-32 将标尺拖放到绘图窗口中

3 再次单击【视图】→【标尺】命令,可隐藏标尺。

CorelDRAW X5的基本操作 第1章

> **提示** 默认情况下，新建图形的页面中已经显示了标尺。
> 根据实际需要，可以调整标尺的属性。方法是，单击【视图】→【设置】→【网格和标尺设置】命令，弹出【选项】对话框，在左边的列表框中单击【标尺】选项，然后在对话框的右侧对标尺的属性进行调整，如图1-33所示。

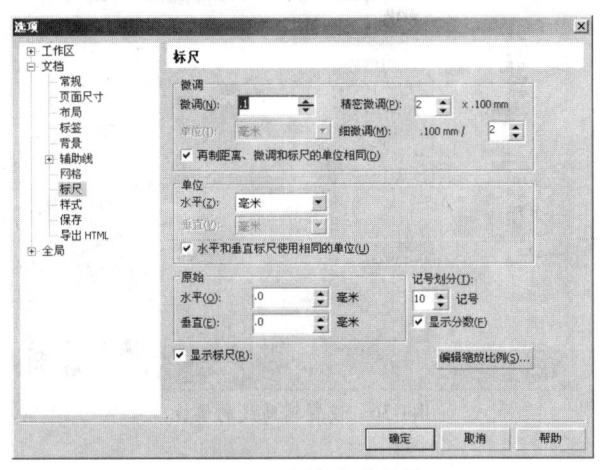

图1-33 设置标尺的属性

1.8.3 辅助线

辅助线与标尺密切相关，借助辅助线，可准确地在页面中放置图形对象。

辅助线的使用

所用素材：光盘\素材\第1章\博士.wmf

操作步骤

1 单击【视图】→【标尺】命令，在页面中显示标尺。
2 在标尺上单击鼠标不放并拖拽，可在页面中创建辅助线，如图1-34所示。
3 利用挑选工具单击辅助线不放并拖拽，可移动辅助线，如图1-35所示。

图1-34 创建辅助线 　　　　图1-35 移动辅助线

4 利用挑选工具单击辅助线，然后单击【Delete】键，可删除辅助线。
5 再次单击【视图】→【辅助线】命令，可隐藏辅助线。

> **提示** 根据实际需要，可以调整辅助线的属性。方法是：单击【视图】→【设置】→【辅助线设置】命令，弹出【选项】对话框，然后在对话框的右侧对辅助线的属性进行调整，如图 1-36 所示。

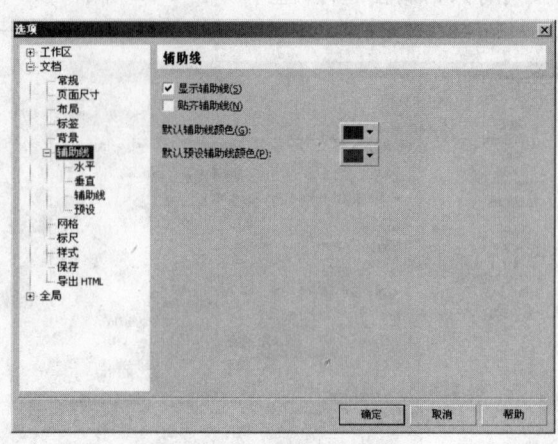

图1-36 设置辅助线的属性

1.8.4 缩放工具和手形工具

1. 缩放工具

当用户所要处理的图像太小，不方便处理时，可使用工具箱中的缩放工具对图像进行放大。

缩放工具的使用

所用素材：光盘\素材\第1章\狗.cdr

操作步骤

1. 打开一幅图形，选择工具箱中的缩放工具 。
2. 将鼠标指针移动到图形文件中，此时鼠标指针呈放大镜的形状，如图 1-37 所示。
3. 单击鼠标可放大图形的显示比例，如图 1-38 所示。

图1-37 鼠标指针呈放大镜的形状　　　　图1-38 放大后的图形

4. 使用缩放工具还可以指定放大图形中的某一块区域。方法是：将放大镜鼠标指针移到图形窗口中，然后按住鼠标左键拖拽出一个要放大的显示范围，如图 1-39 所示，松开鼠标，结果如图 1-40 所示。

第1章 CorelDRAW X5的基本操作

图1-39 拖拽缩放工具以放大图形 　　　　图1-40 图形区域放大后的效果

> **提示** 除了使用上述方法可以设置显示比例外，还有以下两种方法：
> **方法1**：选择缩放工具，按住【Shift】键的同时单击鼠标左键或右键，将会以单击位置为中心缩小或放大显示画面。
> **方法2**：打开图形文件后，通过向上或向下滚动鼠标中间的滚轮，可快速放大或缩小显示画面。

2. 手形工具

如果打开的图形很大，或者操作中将图形放大以至于无法显示完整的图形，此时若要查看文件中未能显示的内容，除了借助于滚动条，更多情况下可借助于手形工具。

手形工具的使用

所用素材：光盘\素材\第1章\女孩.cdr

操作步骤

1　打开一幅图形，选择工具箱中的手形工具。
2　将鼠标指针移至图形窗口中，此时鼠标指针呈手的形状，如图1-41所示。
3　按下鼠标不放并拖动，即可查看图形的其他区域，如图1-42所示。

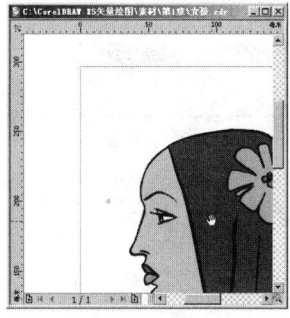

图1-41 手形工具呈手的形状 　　　　图1-42 拖拽手形工具以查看其他区域

1.9 打印与输出

在打印输出之前，首先需要安装与设置打印机，然后就可以开始添加打印作业、进行打印预览。

1.9.1 添加打印作业

添加打印作业

操作步骤

1. 单击【文件】→【打印】命令,弹出【打印】对话框,在【常规】选项卡中设置【打印范围】和【份数】等,如图1-43所示。
2. 在【布局】选项卡中,可以设置图像位置和大小、版面布局等,如图1-44所示。

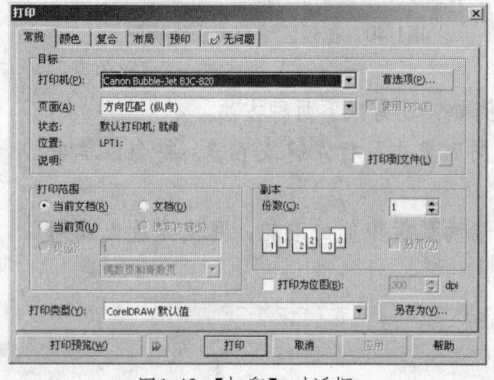

图1-43 【打印】对话框   图1-44 【布局】选项卡

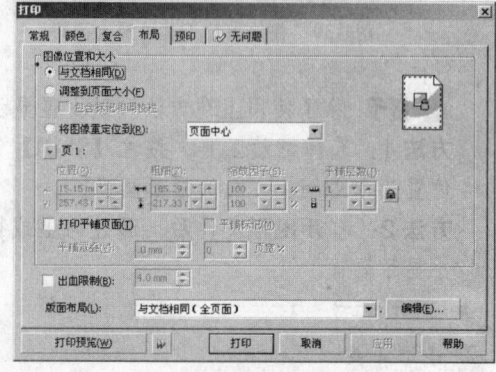

3. 单击【打印】按钮,将按设置的属性进行打印。

1.9.2 打印预览

为了将图形正确打印出来,通常在正式打印之前需要进行打印预览。

打印预览

所用素材:光盘\素材\第1章\跳舞.cdr

操作步骤

1. 单击【文件】→【打印预览】命令,打开【打印预览】窗口,如图1-45所示。

图1-45 【打印预览】窗口

2 在工具栏中可以对打印的文件进行设置，如图1-46所示。

图1-46　工具栏

选项说明

- **全屏按钮**：单击该按钮，打印对象将以满屏的方式显示，单击鼠标右键可恢复菜单显示。
- **启用分色按钮**：单击该按钮，对打印对象进行分色处理，如图1-47所示。再次单击此按钮，则恢复到不分色处理状态。
- **反显按钮**：单击该按钮，打印对象呈底片模式，如图1-48所示，再次单击该按钮，则恢复到原来的模式。
- **镜像按钮**：单击该按钮，打印对象的位置对称变换，如图1-49所示，再次单击该按钮，则恢复到原来设置。

图1-47　启用分色效果　　　　图1-48　反显效果　　　　图1-49　镜像效果

- **关闭打印预览按钮**：单击该按钮，关闭打印预览窗口。

1.10　本章小结

本章首先介绍了CorelDRAW X5的工作原理、新增功能、工作界面等，让用户有了一个初步的认识，接着介绍了一些基本的文档操作以及一些辅助工具的使用，最后介绍了文档的打印与输出。

通过本章的学习，读者能够在CorelDRAW X5中新建图像，并进行保存，导入与导出图像文件的操作，能够对CorelDRAW X5的工作环境进行设置，以及使用一些辅助工具绘制基本图形，为进一步学习打下良好的基础。

1.11　习题

1. 填空题

（1）在计算机中，图形分为＿＿＿＿图形和＿＿＿＿图形两种基本形式，两种图形产生的机理完全不同。

（2）在 CorelDRAW X5 中，对象泛指绘图中的一个元素，如_____、_____、_____、_____、_____或_____。

（3）通过 CorelDRAW X5，我们可以对矢量的属性进行调整，改变它的_____、_____、_____、_____、_____等。

2. 问答题

（1）CorelDRAW X5 的工作原理是什么？
（2）CorelDRAW X5 文件的扩展名是什么？
（3）如何对页面进行设置？

3. 上机题

（1）上机练习导入与导出文件。
（2）上机练习辅助工具的使用。

第2章 绘制图形

内容提要

在 CorelDRAW 中，绘制图形的工具有：矩形工具、椭圆形工具、多边形工具、图纸工具、螺纹工具等。矩形、椭圆、多边形等基本图形是组成复杂图形的基础，任何复杂的图形都是由这些简单的图形构成的。

2.1 矩形工具

利用工具箱中的矩形工具，可以绘制长方形、正方形、圆角矩形。

1. 上机使用矩形工具

矩形工具的使用

操作步骤

1. 选择工具箱中的矩形工具 □。
2. 在页面中按下鼠标左键不放并拖拽，将会出现一个随着鼠标指针移动而变化的矩形，如图 2-1（a）所示。
3. 当对矩形的大小和形状满意时，松开鼠标，得到矩形，如图 2-1（b）所示。

技巧 在使用矩形工具绘制的同时若按下【Ctrl】键，可绘制出一个正方形。若同时按下【Ctrl+Shift】组合键，可绘制出一个以起始点为中心向外扩张的正方形。
    双击工具箱中的矩形工具，可产生一个与页面同样大小的矩形。

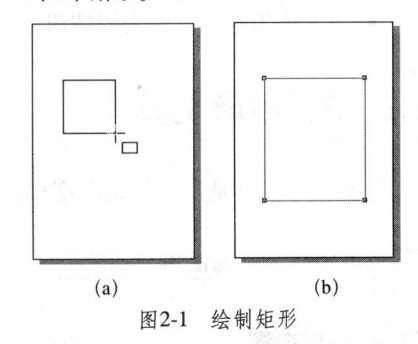

图2-1 绘制矩形

2. 矩形工具属性栏

利用矩形工具在页面中绘制矩形后，其属性栏如图 2-2 所示。

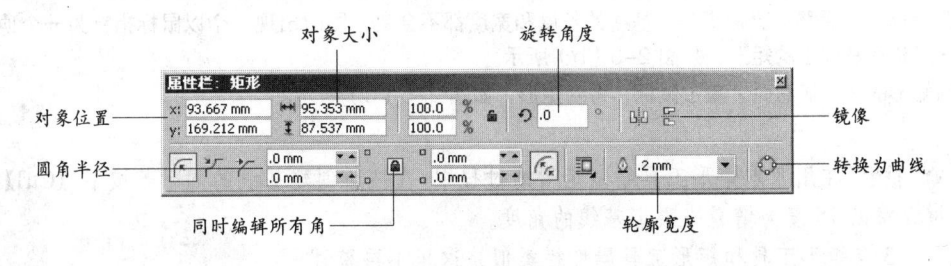

图2-2 矩形工具属性栏

选项说明

- `.0 mm` 圆角半径文本框：通过在该文本框中输入相应的数值，可以得到圆角矩形，如图2-3所示。

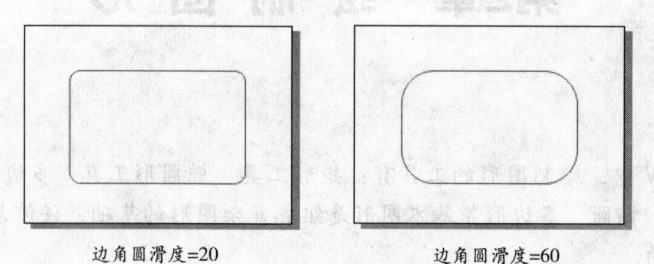

边角圆滑度=20　　　　边角圆滑度=60

图2-3　圆角矩形效果

- 同时编辑所有角按钮：单击该按钮，所有的边角都应用相同的圆滑度。
- `.2 mm` 轮廓宽度下拉列表框：在该下拉列表框中可选择轮廓的宽度，如图2-4所示。

轮廓宽度=2mm　　　　轮廓宽度=8mm

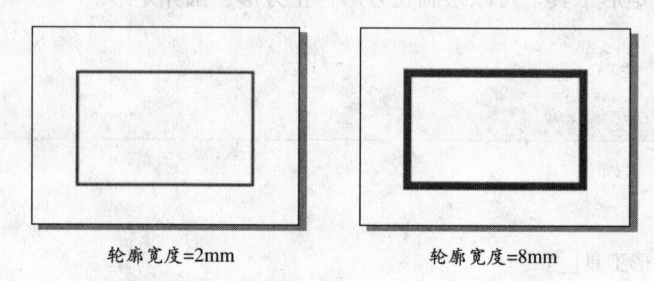

图2-4　改变轮廓宽度效果

- 转换为曲线：单击该按钮，可将图形转换为曲线。

2.2　3点矩形工具

3点矩形工具是通过指定高度和宽度来绘制矩形的。

3点矩形工具的使用

操作步骤

1. 选择工具箱中的3点矩形工具 。
2. 在页面中按下鼠标不放并拖拽，将出现一条直线，如图2-5（a）所示。该直线将作为矩形的基线。
3. 松开鼠标，然后移动鼠标指针，基线的长度和宽度都不会变，同时出现一个以鼠标指针为一个顶点，并且一条边在基线上的矩形，如图2-5（b）所示。
4. 当对矩形的大小满意时，单击鼠标，得到矩形，如图2-5（c）所示。

> **提示**　在用3点矩形工具绘制矩形的过程中，在拖动创建基线的同时若按下【Ctrl】键，将以15度为增量来限定基线的角度。
> 　　3点矩形工具和矩形工具属性栏类似，这里不再赘述。

(a)　　　　　　　　　(b)　　　　　　　　　(c)

图2-5　3点矩形工具的使用方法

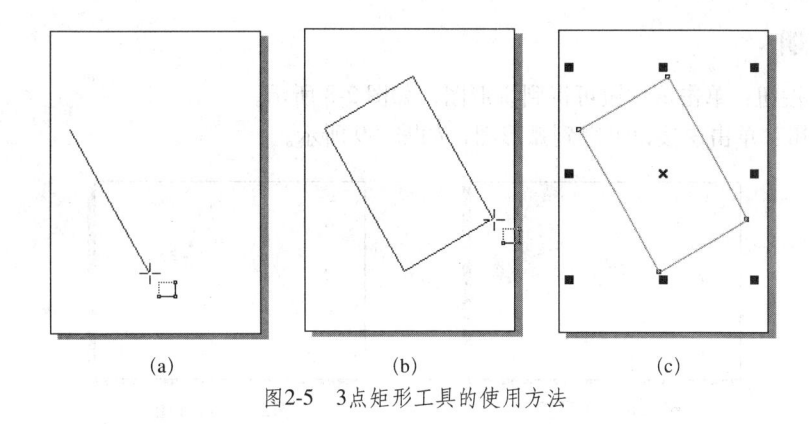

2.3 椭圆形工具

利用工具箱中的椭圆形工具，可以绘制椭圆、正圆、弧形及饼形图形。

1. 上机使用椭圆形工具

椭圆形工具的使用

操作步骤

1. 选择工具箱中的椭圆形工具○。
2. 在页面中按下鼠标左键不放并拖拽，将会出现一个随着鼠标指针移动而变化的椭圆，如图2-6（a）所示。
3. 当对椭圆的大小和形状满意时，松开鼠标，得到椭圆，如图2-6（b）所示。

> **技巧**　在使用椭圆形工具绘制的同时若按下【Ctrl】键，可绘制出一个正圆。若同时按下【Ctrl+Shift】组合键，可绘制出一个以起始点为中心向外扩张的正圆。

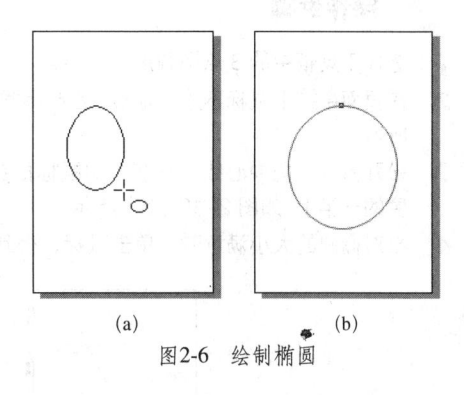

(a)　　　　　　(b)

图2-6　绘制椭圆

2. 椭圆形工具属性栏

利用椭圆形工具在页面中绘制椭圆后，其属性栏如图2-7所示。

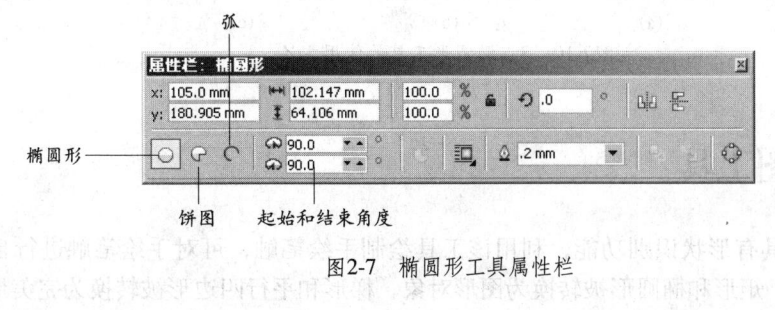

弧
属性栏：椭圆形
x: 105.0 mm　　102.147 mm　100.0
y: 180.905 mm　64.106 mm　100.0　　　.0
椭圆形　　　　90.0
　　　　　　　90.0　　　　　　.2 mm
饼图
起始和结束角度

图2-7　椭圆形工具属性栏

选项说明

- 饼图按钮：单击该按钮可得到饼形图，如图2-8所示。
- 弧按钮：单击该按钮可得到弧形图，如图2-9所示。

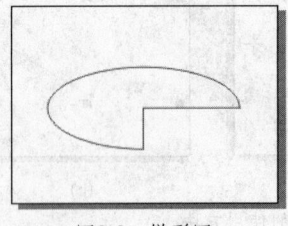

图2-8 饼形图 　　　　图2-9 弧形图

- 90.0 起始和结束角度文本框：通过在该文本框中输入相应的数值，可以改变饼形或弧形的形状。

2.4　3点椭圆形工具

3点椭圆形工具是通过指定高度和宽度来绘制椭圆的。

3点椭圆形工具的使用

操作步骤

1. 选择工具箱中的3点椭圆形工具。
2. 在页面中按下鼠标不放并拖拽，绘制椭圆的中心线（所谓中心线，就是椭圆的一条轴线），如图2-10（a）所示。
3. 松开鼠标，向中心线的一侧移动鼠标指针，将出现一个椭圆（鼠标指针到中心线的垂直距离就是椭圆高度的一半），如图2-10（b）所示。
4. 当对椭圆的大小满意时，单击鼠标，得到椭圆，如图2-10（c）所示。

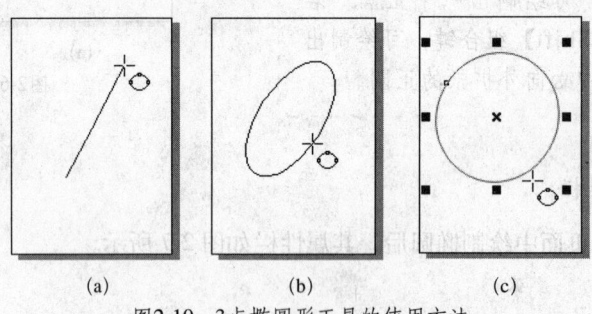

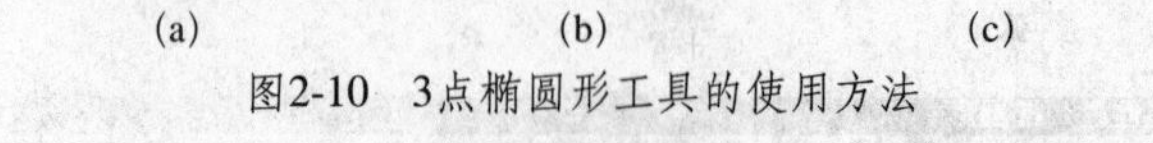

(a)　　　　(b)　　　　(c)

图2-10　3点椭圆形工具的使用方法

2.5　智能绘图工具

智能绘图工具具有形状识别功能，利用该工具绘制手绘笔触，可对手绘笔触进行自动识别，并转换为基本形状。矩形和椭圆形被转换为图形对象，梯形和平行四边形被转换为完美形状对象，

而线条、三角形、方形、菱形、圆形及箭头则被转换为曲线对象。

智能绘图工具的使用

操作步骤

1. 选择工具箱中的智能绘图工具 △。
2. 在页面中按下鼠标左键不放并拖拽，绘制图形，如图2-11（a）所示。
3. 稍后该图形将自动转换为矩形，如图2-11（b）所示。

> **提示** 在智能绘图工具属性栏中，可以设置形状识别等级，CorelDRAW X5 将依据该等级对形状进行识别，并将它们转换为对象。还可以设置应用于曲线的平滑度，如图2-12所示。

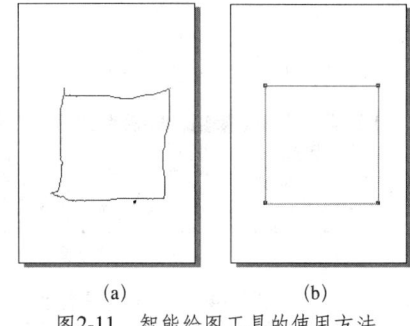

图2-11 智能绘图工具的使用方法

图2-12 智能绘图工具属性栏

2.6 多边形工具

利用工具箱中的多边形工具，可以绘制多边形、星形。

1. 上机使用多边形工具

多边形工具的使用

操作步骤

1. 选择工具箱中的多边形工具 ⬡。
2. 在页面中按下鼠标左键不放并拖拽，将会出现一个随鼠标指针移动而变化的多边形，如图2-13（a）所示。
3. 当对多边形的大小和形状满意时，松开鼠标，得到多边形，如图2-13（b）所示。

> **技巧** 在使用多边形工具绘制的同时若按下【Ctrl】键，可绘制出一个正多边形。若同时按下【Ctrl+Shift】组合键，可绘制出一个以起始点为中心向外扩张的正多边形。

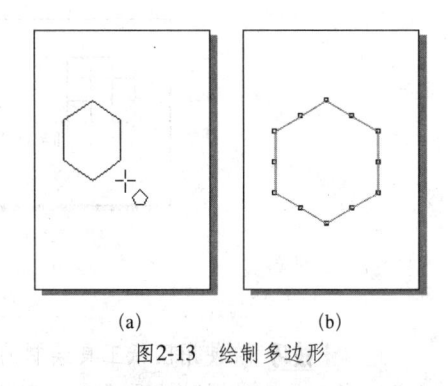

图2-13 绘制多边形

2. 多边形工具属性栏

利用多边形工具在页面中绘制多边形后，其属性栏如图2-14所示。

选项说明

- ↻ .0 旋转角度文本框：在该文本中输入相应的数值，可对多边形进行旋转。
- ☆ 5 点数或边数文本框：在该文本框中输入相应的数值，可设置多边形的边数，如图 2-15 所示。

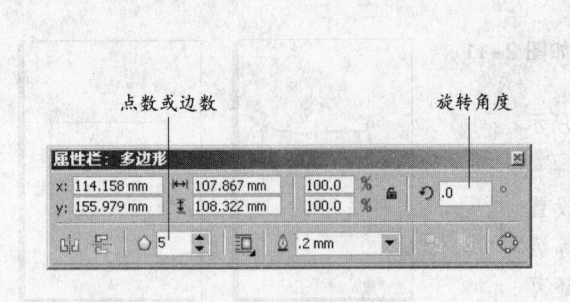

图2-14　多边形工具属性栏

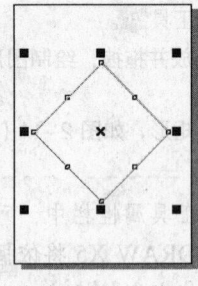

图2-15　设置不同的多边形上的点数

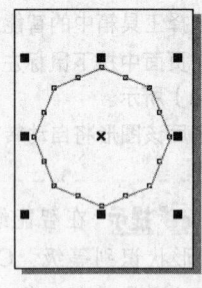

多边形上的点数=4　　多边形上的点数=8

2.7　图纸工具

利用工具箱中的图纸工具可以绘制网格。在 CorelDRAW X5 中，网格是由一组矩形组合而成的，这些矩形可以拆分。

1. 上机使用图纸工具

图纸工具的使用

操作步骤

1　选择工具箱中的图纸工具 。
2　在页面中按下鼠标左键不放并拖拽，将会出现一个随鼠标指针移动而变化的网格，如图 2-16（a）所示。
3　当对网格的大小和形状满意时，松开鼠标，得到网格，如图 2-16（b）所示。

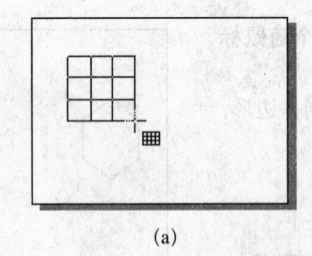

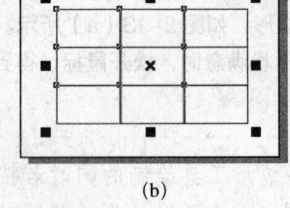

(a)　　(b)

图2-16　绘制网格

> **技巧**　在使用图纸工具绘制的同时若按下【Ctrl】键，可绘制出一个轮廓为正方形的网格。若同时按下【Ctrl+Shift】组合键，可绘制出一个以起始点为中心向外扩张、轮廓为正方形的网格。

> **提示** 选中网格后,单击【排列】→【取消群组】命令,即可拆分网格。此时可对任意一个单元格进行编辑。

2. 图纸工具属性栏

选择图纸工具后,其属性栏如图 2-17 示。

图2-17 图纸和螺旋工具属性栏

选项说明

- 列数文本框:在该文本框中输入相应的数值,可指定网格的列数。
- 行数文本框:在该文本框中输入相应的数值,可指定网格的行数。

2.8 螺纹工具

利用工具箱中的螺纹工具,可以绘制螺纹。螺纹分为两种:对称式螺纹和对数式螺纹。

1. 上机使用螺纹工具

螺纹工具的使用

操作步骤

1 选择工具箱中的螺纹工具 。
2 在页面中按下鼠标左键不放并拖拽,将会出现一个随鼠标指针移动而变化的螺纹图形,如图 2-18(a)所示。
3 当对螺纹的大小和形状满意时,松开鼠标,得到螺纹,如图 2-18(b)所示。

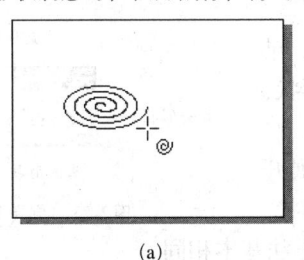

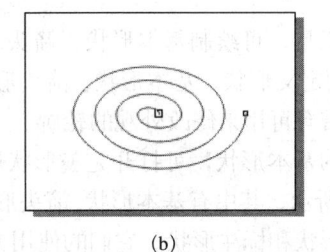

(a)　　　　　　　　(b)

图2-18 绘制螺纹

2. 螺纹工具属性栏

利用螺纹工具在页面中绘制螺纹后,其属性栏如图 2-19 所示。

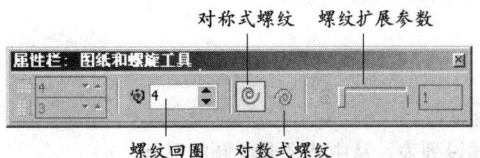

图2-19 图纸和螺旋工具属性栏

中文版CoreIDRAW X5经典教程

选项说明

- ◎ 对称式螺纹按钮：单击该按钮，可绘制对称式螺纹。对称式螺纹均匀向外扩展，因此每个回圈之间的距离相等。如图2-20所示。
- ◎ 对数式螺纹按钮：单击该按钮，可绘制对数式螺纹。对数式螺纹向外扩展时，回圈之间的距离不断增大，可设置对数式螺纹向外扩展的比率。如图2-21所示。

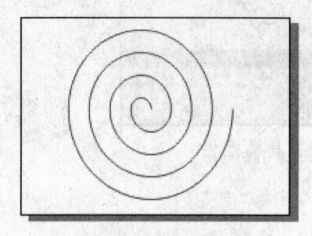

图2-20　对称式螺纹　　　　　图2-21　对数式螺纹

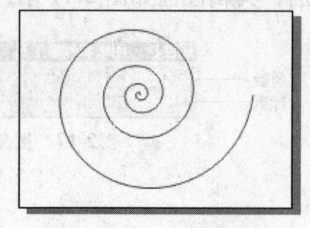

- ◎4 螺纹回圈文本框：在该文本框中输入相应的数值，可设置螺纹的圈数。
- ◎1 螺纹扩展参数文本框：在绘制对数式螺纹时，该文本框变为可用，在其中输入相应的数值，可设置螺纹间距的大小，如图2-22所示。

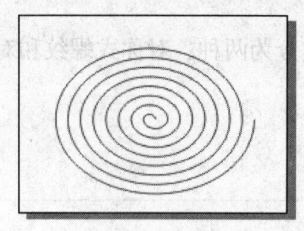

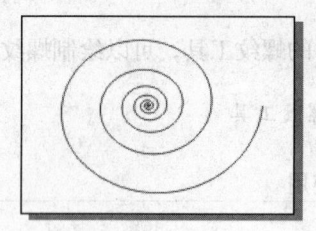

螺纹扩展参数=8　　　　螺纹扩展参数=80

图2-22　设置不同的螺纹扩展参数

2.9　完美形状工具

利用完美形状工具，可绘制基本形状、箭头、星形、标题、标注等预定义形状。基本形状、箭头形状、标题和标注形状都带有可用来修改外观的轮廓。

选择工具箱中的基本形状，可打开完美形状展开工具栏，如图2-23所示。其中有基本形状、箭头形状、流程图形状、标题形状和标注形状。它们的使用方法基本相同。

图2-23　完美形状展开工具栏

1. 上机使用完美形状工具

完美形状工具的使用

操作步骤

1. 选择工具箱中的基本形状 🔲。
2. 在属性栏中打开基本形状预设列表，从中选择要绘制的形状。
3. 在绘图窗口中单击鼠标并拖拽，绘制图形，如图2-24所示。

4 用鼠标拖动菱形控制手柄，可以修改轮廓的外观，如图 2-25 所示。

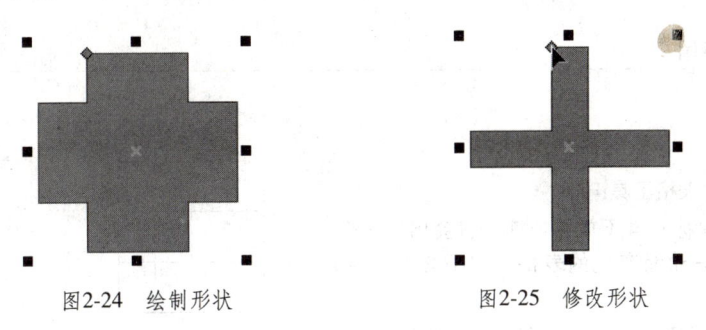

图2-24 绘制形状　　　　　　　图2-25 修改形状

2.【完美形状】属性栏

【完美形状】属性栏如图 2-26 所示。

图2-26 【完美形状】属性栏

在完美形状展开工具栏中选择某个工具后，单击属性栏中的【完美形状】下拉按钮，打开相对应的形状预设列表，用户从中可选择所需的形状。

图 2-27 所示分别为完美形状展开工具栏中每个完美形状工具的预设列表。

基本形状预设列表　　　箭头形状预设列表　　　流程图形状预设列表

标题形状预设列表　　　标柱形状预设列表

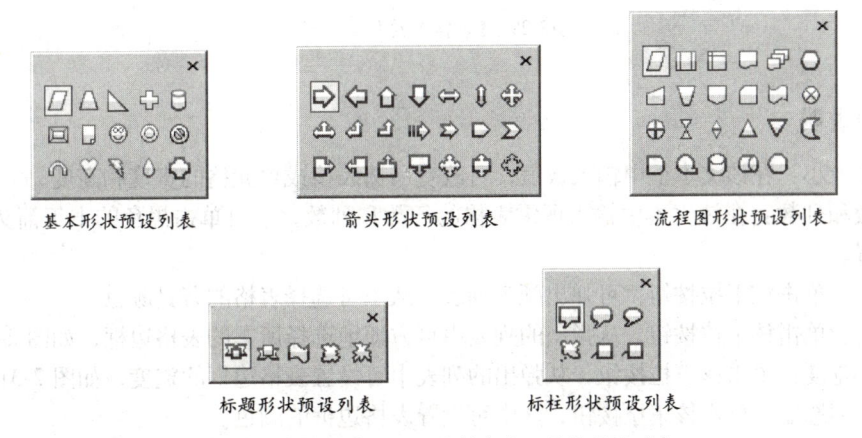

图2-27 完美形状展开工具栏中各工具的预设列表

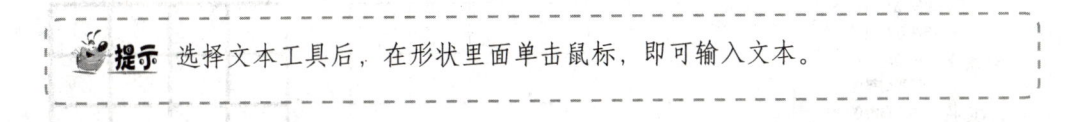

> **提示** 选择文本工具后，在形状里面单击鼠标，即可输入文本。

2.10 表格工具

利用工具箱中的表格工具，可以绘制表格。

中文版CoreIDRAW X5经典教程

1. 上机使用表格工具

表格工具的使用

操作步骤

1. 选择工具箱中的表格工具⊞。
2. 在页面中按下鼠标左键不放并拖拽，将会出现一个随着鼠标指针移动而变化的表格，如图2-28（a）所示。
3. 当对表格的大小和形状满意时，松开鼠标，得到表格，如图2-28（b）所示。

2.【表格工具】属性栏

利用表格工具在页面中绘制表格后，其属性栏如图2-29所示。

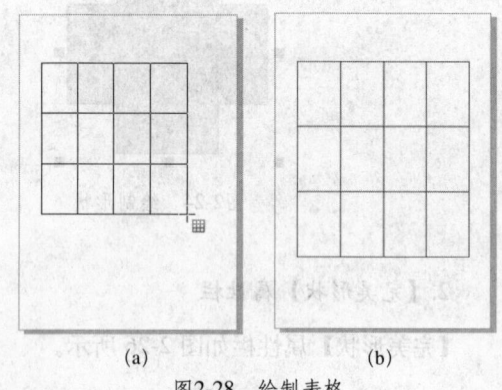

图2-28 绘制表格

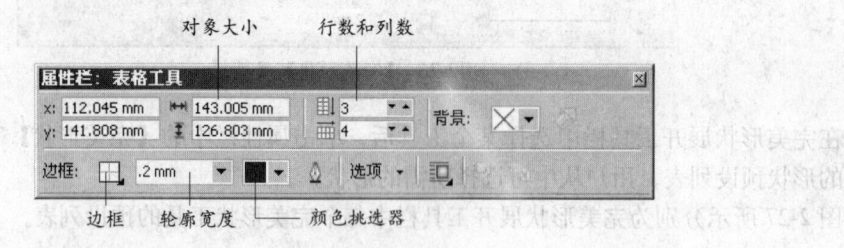

图2-29 【表格工具】属性栏

选项说明

- 对象大小：在该文本框中输入数值，可改变所选表格或单元格的宽度和高度。
- 行数和列数：在该文本中输入所需表格的行数和列数，也可单击黑色的上下箭头按钮进行设置。
- 背景：单击该下拉按钮，可弹出颜色列表，从中可选择表格的背景颜色。
- 边框：单击该下拉按钮，从弹出的列表中可方便地选择所需的表格边框，如图2-30所示。
- 轮廓宽度：单击该下拉按钮，从弹出的列表中可设置表格边框的宽度，如图2-31所示。
- 颜色挑选器：单击该下拉按钮，从中可设置表格边框的颜色。

图2-30 表格边框命令

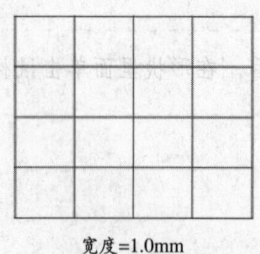

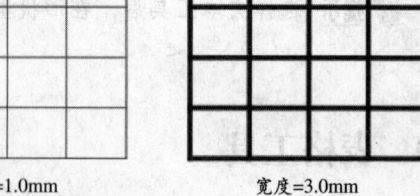

图2-31 改变轮廓宽度效果

2.11 上机实战

通过本章的学习，读者掌握了 CorelDRAW X5 中图形绘制的知识。下面通过几个上机实战，进一步熟悉和掌握图形绘制的方法和操作技巧。

2.11.1 制作足球

本实例为制作足球效果，如图 2-32 所示。

图 2-32 足球

制作足球

操作步骤

1. 单击【文件】→【新建】命令，新建一个空白页面。
2. 选择工具箱中的多边形工具，在属性栏的【点数或边数】文本框中输入 6，如图 2-33 所示。按下【Ctrl】键的同时，在页面中绘制六边形，如图 2-34 所示。

图 2-33 多边形工具属性栏　　　　图 2-34 绘制六边形

3. 确保选中六边形，单击【编辑】→【再制】命令，复制六边形，然后利用挑选工具调整六边形的位置，如图 2-35 所示。
4. 重复步骤 3 的操作，将复制得到的六边形按照一定的顺序排列在一起，如图 2-36 所示。

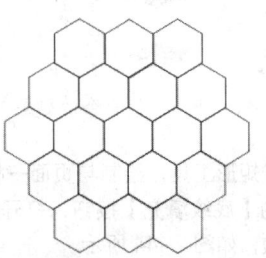

图 2-35 复制多边形对象　　　　图 2-36 复制多个图形

5 选择工具箱中的选取挑选工具，按下【Shift】键时单击其中的5个六边形以选中，在调色板中单击黑色色块，将其填充为黑色，如图2-37所示。
6 利用挑选工具选择页面中全部的六边形，单击【排列】→【群组】命令，将图形组合在一起，如图2-38所示。

图2-37 填充图形　　　　　　　　　图2-38 组合图形

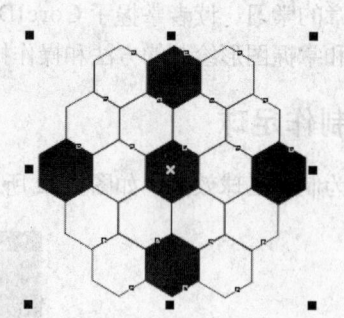

7 选择工具箱中的【椭圆形】工具，在群组后的六边形上绘制正圆，并调整正圆的大小与位置，如图2-39所示。
8 单击【效果】→【透镜】命令，打开【透镜】泊坞窗，在【无透镜效果】下拉列表框中选择【鱼眼】选项，设置【比率】选项为120%，选中【冻结】复选框，如图2-40所示。

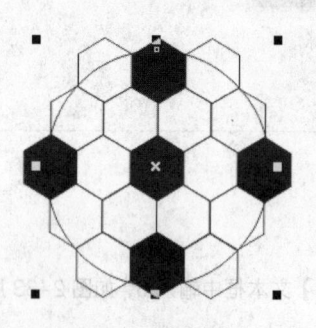

图2-39 绘制正圆　　　　　　　　　图2-40 【透镜】泊坞窗

9 单击【应用】按钮，图形效果如图2-41所示。
10 利用挑选工具单击圆形外边的图形，单击【编辑】→【删除】命令，将其删除，效果如图2-42所示。

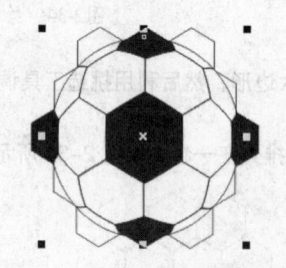

图2-41 应用透镜命令的效果　　　　图2-42 删除多余的图形

11 在工具箱中双击矩形工具，绘制与页面一样大小的矩形，如图2-43所示。
12 选择工具箱中的【底纹填充】按钮，打开【底纹填充】对话框，在【底纹列表】列表框中选择【墙上的常春藤】选项，如图2-44所示。
13 单击【确定】按钮，填充底纹后的效果如图2-32所示。至此，实例制作完毕。

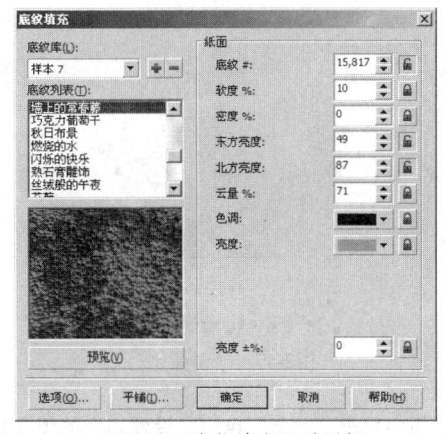

图2-43　绘制矩形　　　　　　　　　　　图2-44　【底纹填充】对话框

2.11.2　制作警告牌

本实例为制作警告牌，效果如图2-45所示。

图2-45　警告牌

制作警告牌

操作步骤

1 单击【文件】→【新建】命令，新建一个空白页面。

2 选择工具箱中的【矩形】工具，在属性栏中将【圆角半径】设置为20，如图2-46所示。

图2-46　设置边角圆滑度

3 在页面中拖动鼠标绘制矩形，如图2-47所示。

4 单击【编辑】→【复制】命令，复制矩形，再单击【编辑】→【粘贴】命令，粘贴图形，然后按下【Shift+Alt】组合键的同时用鼠标拖动矩形周围的控制点，将图形等比例进行缩小，如图2-48所示。

图2-47 绘制矩形　　　　　　　　　图2-48 缩小矩形

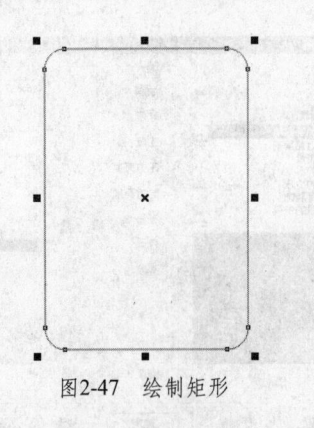

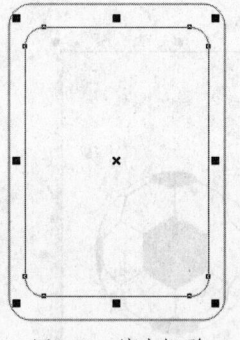

5 在调色板中单击"冰蓝"色块,设置矩形的填充颜色为冰蓝色,如图2-49所示。
6 选择工具箱中的【基本形状】工具,在其属性栏中单击【完美形状】按钮,从下拉列表中选择一种样式,如图2-50所示。

图2-49 填充矩形　　　　　　　　　图2-50 选择样式

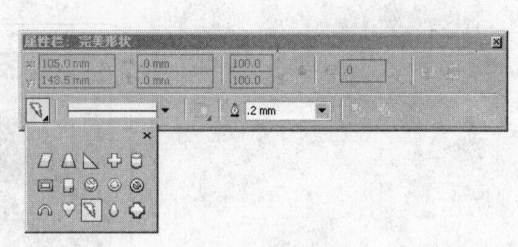

7 在页面中单击鼠标进行绘制,如图2-51所示。
8 在调色板中单击红色,设置图形的填充颜色为红色,从工具箱的工具组中选择【无轮廓】按钮,将图形设置为无轮廓,效果如图2-52所示。

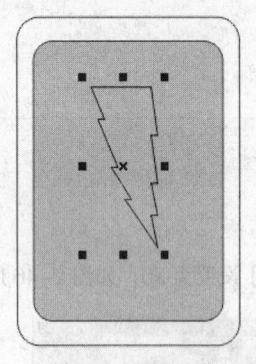

图2-51 绘制图形　　　　　　　　　图2-52 填充图形

9 选择工具箱中的【文本】工具,在属性栏中设置适当的字体字号,在页面中单击输入文字,并设置文字颜色,得到的最终效果如图2-45所示。

2.11.3 制作器皿

本实例为制作器皿,效果如图2-53所示。

绘制图形 第2章

图2-53 器皿

制作器皿

最终效果：光盘\效果\第2章\器皿.cdr

操作步骤

1 单击【文件】→【新建】命令，新建一个空白页面。
2 选择工具箱中的【椭圆形】工具，在页面中绘制椭圆，如图2-54所示。
3 选择工具箱中的【渐变填充】按钮，弹出【渐变填充】对话框，在【中点】文本框中输入34，并设置渐变角度，如图2-55所示。
4 单击【确定】按钮，渐变填充后的效果如图2-56所示。

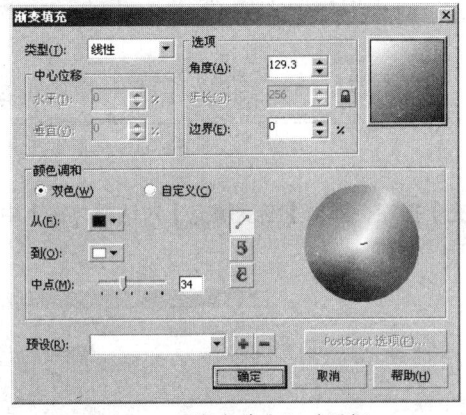

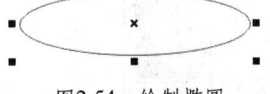

图2-54 绘制椭圆　　图2-55 【渐变填充】对话框　　图2-56 填充图形

5 选择工具箱中的【椭圆形】工具，单击属性栏中的【饼图】按钮，并在【起始和结束角度】文本框中分别输入180和360，如图2-57所示。然后在页面中绘制饼形图，如图2-58所示。

图2-57 【椭圆形】工具属性栏　　图2-58 绘制饼形图

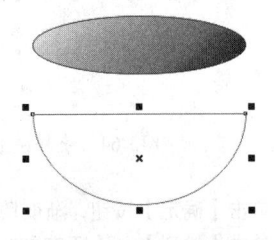

35

6 选择工具箱中的【渐变填充】按钮,弹出【渐变填充】对话框,在【中点】文本框中输入34,并设置渐变角度,如图2-59所示。
7 单击【确定】按钮,渐变填充后的效果如图2-60所示。
8 选择工具箱中的【挑选】工具,调整饼形图的大小与位置,如图2-61所示。

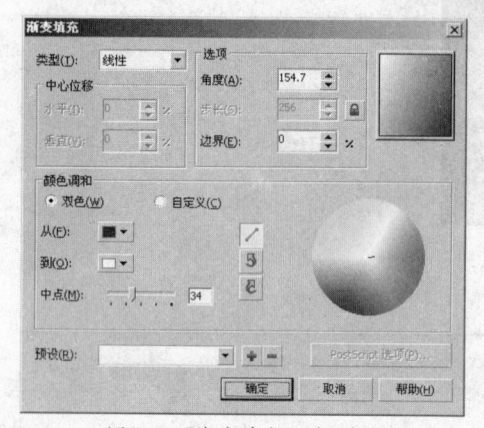

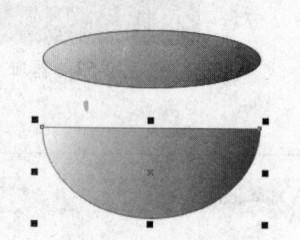

图2-59 【渐变填充】对话框　　　图2-60 填充图形　　　图2-61 调整图形

9 确保选中饼形图,单击【排列】→【顺序】→【到页面后面】命令,将饼形图置于椭圆之后,如图2-62所示。
10 选择工具箱中的【椭圆形】工具,单击属性栏中的【饼形图】按钮,并在【起始和结束角度】文本框中分别输入240和300,如图2-63所示。然后在页面中绘制饼形图,如图2-64所示。

图2-62 将饼形置于椭圆之后　　　图2-63 椭圆形工具属性栏

11 选择工具箱中的【渐变填充】按钮,弹出【渐变填充】对话框,在【中点】文本框中输入34,并设置渐变角度,如图2-65所示。

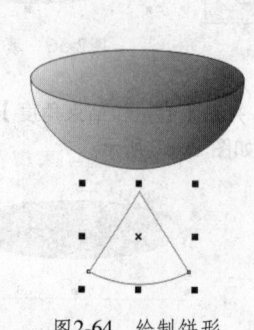

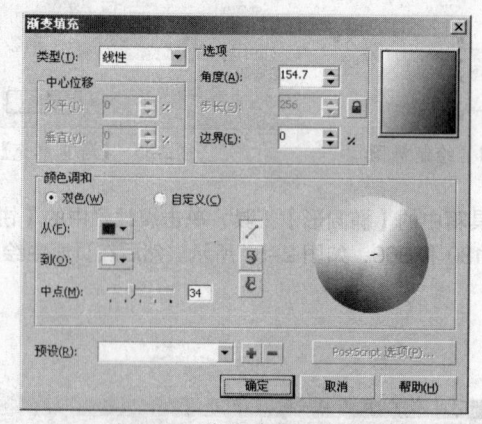

图2-64 绘制饼形　　　图2-65 【渐变填充】对话框

12 单击【确定】按钮,渐变填充后的效果如图2-66所示。
13 单击【排列】→【顺序】→【到页面后面】命令,然后调整图形的位置,效果如图2-67所示。

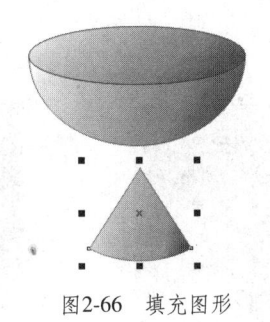

图2-66 填充图形　　　　图2-67 器皿

2.11.4 五子棋

本实例为制作五子棋，效果如图 2-68 所示。

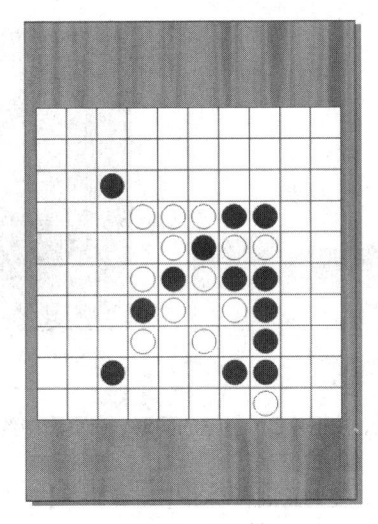

图2-68 五子棋

制作五子棋

最终效果：光盘\效果\第2章\五子棋.cdr

操作步骤

1. 单击【文件】→【新建】命令，新建一个空白页面。
2. 双击工具箱中的【矩形】工具，绘制与页面一样大小的矩形，如图 2-69 所示。
3. 选择工具箱中的【底纹填充】按钮，打开【底纹填充】对话框，在【底纹库】下拉列表中选择【样本9】选项，在【底纹列表】中选择【红木】选项，在【亮度】文本框中输入 40，如图 2-70 所示。
4. 单击【确定】按钮，填充后的效果如图 2-71 所示。
5. 确保选中矩形，单击【排列】→【锁定对象】命令，锁定矩形，如图 2-72 所示。
6. 选择工具箱中的【图纸】工具，在属性栏中的【列数和行数】文本框中均输入 10，如图 2-73 所示。
7. 按下【Ctrl】键的同时，在页面中绘制图纸，如图 2-74 所示。
8. 确保选中图纸对象，单击调色板中的白色色块，将图纸填充为白色，效果如图 2-75 所示。

图2-69 绘制矩形

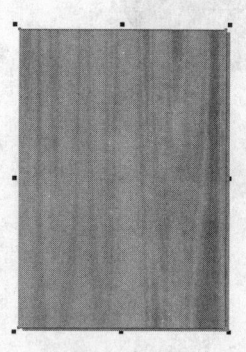

图2-70 【底纹填充】对话框　　图2-71 填充图形　　图2-72 锁定矩形对象

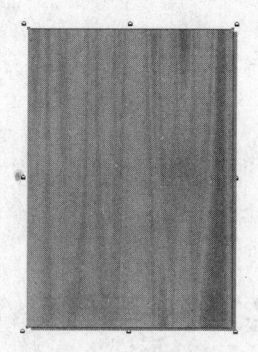

图2-73 属性栏　　图2-74 绘制图纸　　图2-75 对图纸进行填充

9 选择工具箱中的【椭圆形】工具，按下【Ctrl】键的同时，在页面中绘制正圆，并调整正圆的大小与位置，如图2-76所示。

10 单击【编辑】→【复制】命令，复制正圆，单击【编辑】→【粘贴】命令，粘贴正圆，并调整正圆的位置，如图2-77所示。

11 单击调色板中的黑色，将复制得到的正圆填充为黑色，如图2-78所示。

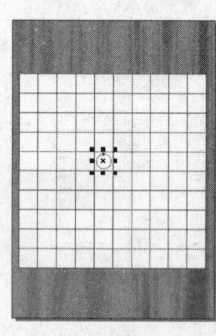

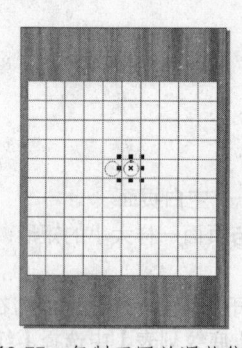

图2-76 绘制正圆　　图2-77 复制正圆并调整位置　　图2-78 填充正圆

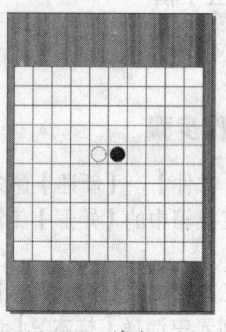

12 重复上述操作步骤，完成五子棋的制作。

2.11.5　蜜蜂飞行

本实例为制作蜜蜂飞行，效果如图2-79所示。

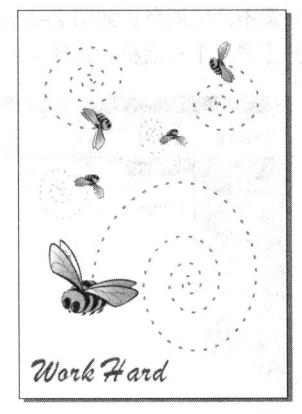

第2章 绘制图形

图2-79 蜜蜂飞行

制作蜜蜂飞行

所用素材：光盘\素材\第2章\蜜蜂.wmf
最终效果：光盘\效果\第2章\蜜蜂飞行.cdr

操作步骤

1. 单击【文件】→【新建】命令，新建一个空白页面。
2. 选择工具箱中的【图纸和螺旋】工具，在属性栏中单击【对数式螺纹】按钮，在【螺纹回圈】文本框中设置参数，如图2-80所示。

图2-80 设置螺纹属性

3. 在页面中绘制螺纹图形，如图2-81所示。
4. 选择工具箱中的【轮廓笔】按钮，打开【轮廓笔】对话框，在【颜色】下拉列表框中选择红色，设置【宽度】为1.5mm，在【样式】下拉列表中选择一种样式，如图2-82所示，单击【确定】按钮，效果如图2-83所示。

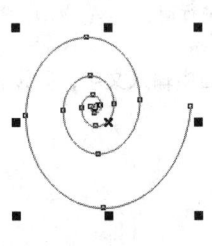

图2-81 绘制螺纹 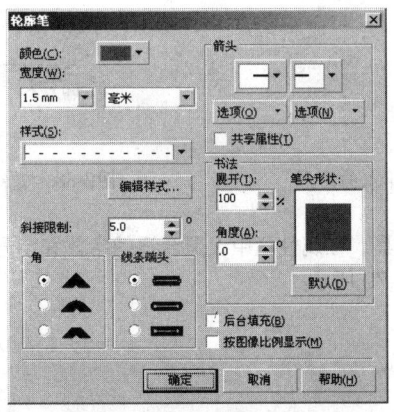　　图2-82 【轮廓笔】对话框 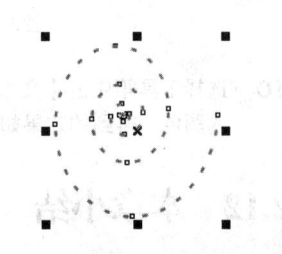　　图2-83 改变螺纹线的颜色和样式

5. 利用【挑选】工具双击页面中的螺纹图形，将螺纹线旋转一定的角度，如图2-84所示。

6 按照上述步骤，绘制多个螺纹，并设置不同的颜色，如图 2-85 所示。

7 单击【文件】→【导入】命令，打开【导入】对话框，选择需要导入的文件，如图 2-86 所示。

图2-84　旋转螺纹线

图2-85　绘制多个螺纹　　　　　　　图2-86　选择素材图形

8 单击【导入】按钮，然后在文档中拖拽鼠标导入图形，如图 2-87 所示。

9 将导入的蜜蜂图形复制多份，调整它们的位置与大小，并适当地加以旋转，如图 2-88 所示。

图2-87　导入的图形　　　　　图2-88　复制图形并进行调整

10 选择工具箱中的【文本】工具，在属性栏中设置合适的字体和字号，在页面中输入文字，并设置文字的颜色，得到的效果如图 2-79 所示。

2.12　本章小结

图形是构成平面作品的基本要素之一，本章主要讲述的是 CorelDRAW X5 中绘制图形的方法与技巧，如果能够合理地运用好各种绘制绘图工具，就可以设计出比较出众的作品。

通过本章的学习，不仅要掌握绘制各种图形的方法，还要对各种预定义的图形有所了解，以便运用。

2.13 习题

1. 填空题

(1) 利用工具箱中的矩形工具，可以绘制_____、_____、_____。
(2) 利用工具箱中的表格工具，可以绘制_____。
(3) 利用工具箱中的多边形工具，可以绘制_____、_____。

2. 问答题

(1) 矩形工具和 3 点矩形工具有什么不同之处？
(2) 智能绘图工具有什么特点？
(3) 什么是对称式螺纹？什么是对数式螺纹？

3. 上机题

(1) 上机练习使用 3 点矩形工具。
(2) 上机练习使用多边形工具。
(3) 上机练习使用完美形状工具。

第3章 绘制曲线与线段

内容提要

大部分图形都是不规则的，而曲线与线段则是构成不规则图形的基本元素。通常，曲线是由多个节点连接而成的线段组成的。通过调整曲线中的节点和线段，可以改变曲线的形状。

CorelDRAW X5 提供了多种用于绘制和调整曲线的工具，这些工具包括：手绘工具、贝塞尔工具、艺术笔工具、折线工具、形状工具和钢笔工具。

3.1 手绘工具

利用手绘工具，可以绘制线段和不规则的曲线。

1. 上机使用手绘工具

手绘工具的使用

操作步骤

1. 选择工具箱中的手绘工具 。
2. 在页面中单击鼠标左键，创建第一个节点，然后移动鼠标，如图 3-1（a）所示。
3. 再次单击鼠标，创建第二个节点，得到线段，如图 3-1（b）所示。

> **技巧** 在使用手绘工具绘制的同时若按住【Ctrl】键，可将线条限制为水平线段或垂直线段。
> 如果在步骤 2 中单击鼠标左键不放并拖拽，可绘制得到不规则的曲线。

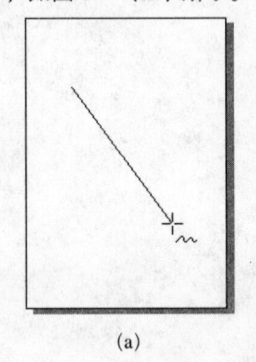

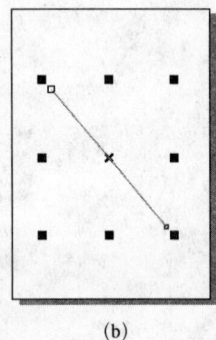

(a)   (b)

图3-1 绘制线段

2. 手绘工具属性栏

利用手绘工具在页面中绘制线条后，其属性栏如图3-2所示。

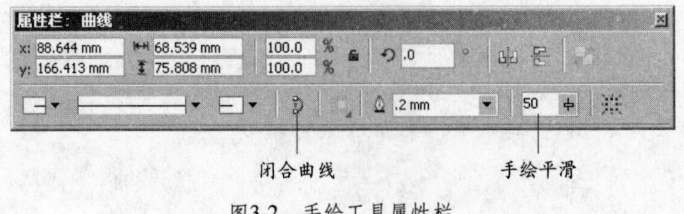

闭合曲线   手绘平滑

图3-2 手绘工具属性栏

绘制曲线与线段 **第3章**

选项说明

- 闭合曲线按钮：单击该按钮，可将开放曲线进行闭合，闭合前和闭合后的曲线分别如图 3-3、图 3-4 所示。

图3-3　闭合前的曲线 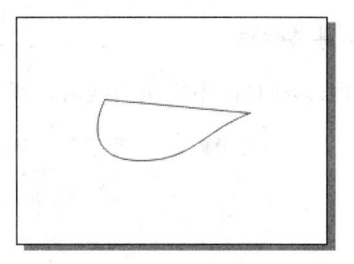　　　　图3-4　闭合后的曲线

- 手绘平滑文本框：在该文本框中设置相应的数值，可获得不同平滑程度的线条，如图 3-5 所示。

手绘平滑=100 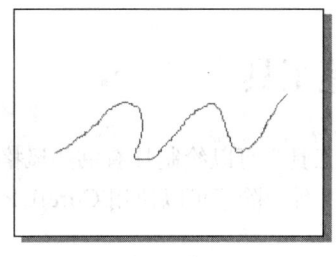　　　　　　手绘平滑=0

图3-5　不同平滑程度的线条效果

3.2　贝塞尔工具

贝塞尔工具是一个专门用于绘制曲线的工具，当然也可以绘制直线。

1. 上机使用贝塞尔工具

贝塞尔工具的使用

操作步骤

1. 选择工具箱中的贝塞尔工具。
2. 在页面中单击鼠标左键，创建第一个节点。
3. 移动鼠标，然后单击鼠标左键，创建第二个节点，如图 3-6（a）所示。
4. 继续移动鼠标，然后单击鼠标不放并拖拽，创建第三个节点，如图 3-6（b）所示。
5. 重复步骤 3 或步骤 4 的操作，继续绘制曲线。
6. 选择工具箱中的任一工具，结束曲线的绘制。

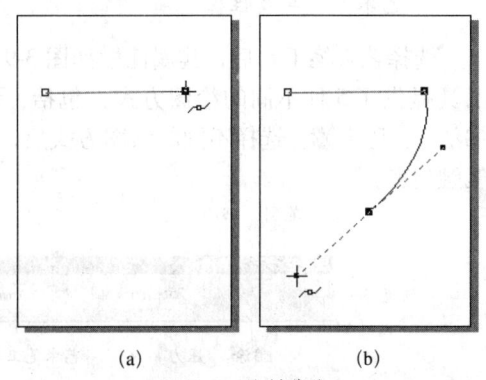

（a）　　　　（b）

图3-6　绘制曲线

43

> **注意** 节点有两种：一种是直线段的节点；另一种曲线段的节点。步骤2和步骤3中创建的是直线段的节点，而步骤4中创建的则是曲线段的节点。

2. 贝塞尔工具属性栏

利用贝塞尔工具在页面中绘制曲线后，其属性栏如图3-7所示。

图3-7 贝塞尔工具属性栏

可以看到属性栏中的大部分选项处于灰色不可用状态，单击【选择所有节点】按钮，当前工具自动切换为形状工具，其属性栏也转换为形状工具属性栏。对于形状工具属性栏，将在后面进行详细介绍。

3.3 艺术笔工具

利用艺术笔工具，可以绘制具有书法风格的曲线轮廓。需要说明的是，艺术笔工具具有模拟笔压力的功能。另外，除了可以使用CorelDRAW X5预设的线条形状之外，还可自定义艺术笔工具的笔触效果。

1. 上机使用艺术笔工具

艺术笔工具的使用

操作步骤

1 选择工具箱中的艺术笔工具。

2 在页面中单击鼠标左键不放并拖拽。

3 松开鼠标，得到具有书法风格的曲线轮廓，如图3-8所示。

2. 艺术笔工具属性栏

选择艺术笔工具后，其属性栏如图3-9所示。可以看到，艺术笔工具提供了5种不同的绘图方式，包括：预设、笔刷、喷涂、书法、压力。选择不同的绘图方式后，在属性栏中将出现相应的笔触列表。

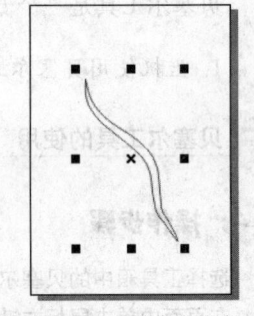

图3-8 绘制曲线轮廓

图3-9 【艺术笔预设】属性栏

选项说明

- **预设按钮**：单击该按钮，可在【预设笔触】下拉列表框中选择一种笔触样式，如图3-10所示。不同预设笔触样式的效果如图3-11所示。

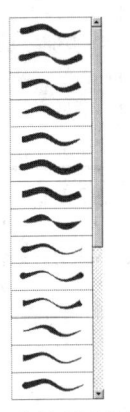

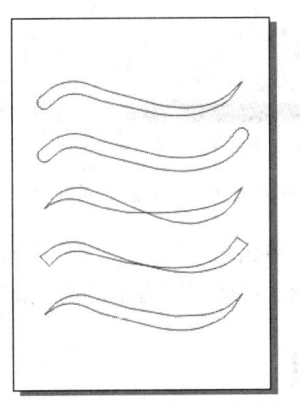

图3-10 选择预设笔触样式　　图3-11 不同预设笔触样式的效果

- **笔刷按钮**：单击该按钮，可在【笔刷笔触】下拉列表框中选择一种笔触样式，如图3-12所示。不同笔刷样式的效果如图3-13所示。

图3-12 选择笔刷样式　　图3-13 不同笔刷样式的效果

- **喷涂按钮**：单击该按钮，可在【喷射图样】下拉列表框中选择一种笔触样式，如图3-14所示。不同喷罐样式的效果如图3-15所示。

图3-14 选择喷罐样式　　图3-15 不同喷罐样式的效果

- 书法按钮：单击该按钮，此时属性栏如图 3-16 所示。在【书法角度】文本框中输入相应的数值，可获得具有不同书法效果的线条，如图 3-17 所示。

图3-16 【艺术笔书法】属性栏

图3-17 不同书法效果的线条

- 压力按钮：单击该按钮，在使用手写板的过程中，压力大小决定线条的实际宽度。如果使用的是鼠标，可通过键盘上的向上键或向下键来模拟笔压力。

3.4 折线工具

与手绘工具类似，利用折线工具，可以绘制线段和不规则的曲线。但是在操作方法上两者有所区别。

1. 上机使用折线工具

折线工具的使用

操作步骤

1. 选择工具箱中的折线工具。
2. 在页面中单击鼠标左键，创建第一个节点。
3. 移动鼠标，然后单击鼠标，创建第二个节点，如图 3-18（a）所示。
4. 继续移动鼠标，然后单击鼠标不放并拖拽，绘制不规则的曲线，如图 3-18（b）所示。
5. 重复步骤 3 或步骤 4 的操作，继续绘制曲线。
6. 在页面中双击鼠标，结束曲线的绘制。

2. 折线工具属性栏

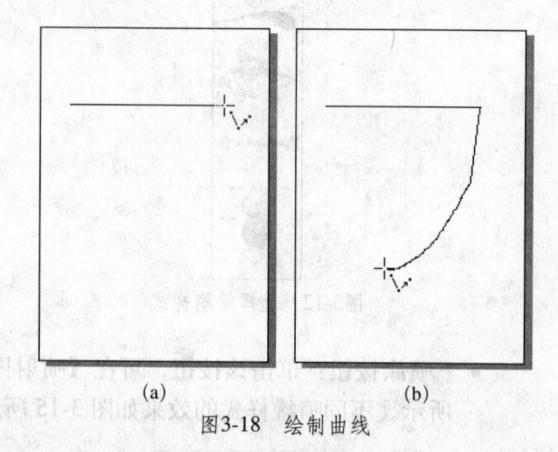

图3-18 绘制曲线

利用折线工具在页面中绘制线条后，其属性栏如图 3-19 所示。折线工具属性栏和手绘工具属性栏类似，这里不再赘述。

图3-19 【折线工具】属性栏

3.5 形状工具

形状工具是一个专门用于调整曲线的工具。利用形状工具，可以调节曲线上的节点，从而改变曲线的形状。

需要说明的是，利用矩形工具、椭圆形工具等绘制的图形，必须先将其转换为曲线，否则无法直接使用形状工具进行处理。

1. 上机使用形状工具

形状工具的使用

操作步骤

1. 选择工具箱中的【矩形】工具，在页面中绘制矩形，如图3-20所示。
2. 确保选中矩形，单击【排列】→【转换为曲线】命令，将图形转换为曲线。

> **注意** 形状工具只能处理曲线对象，而无法对图形对象进行操作。

3. 选择工具箱中的【形状】工具，然后单击矩形右下角的节点，如图3-21（a）所示。按下鼠标不放并拖拽，该节点将随着鼠标指针一起移动，如图3-21（b）所示。松开鼠标，曲线的形状发生变化，如图3-21（c）所示。

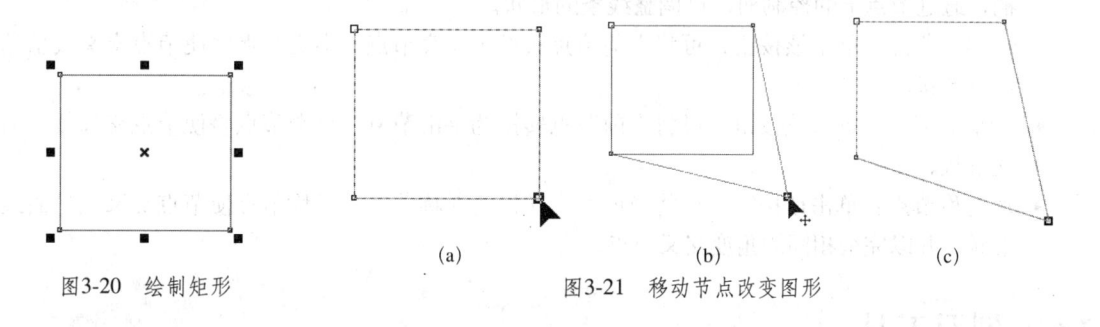

图3-20 绘制矩形

图3-21 移动节点改变图形

4. 确保选中矩形曲线右下角的节点，单击属性栏中的【转换直线为曲线】按钮，如图3-22所示。
5. 此时在节点上出现控制柄，单击控制柄不放并拖拽，如图3-23（a）所示。当对曲线的形状满意时，松开鼠标，如图3-23（b）所示。

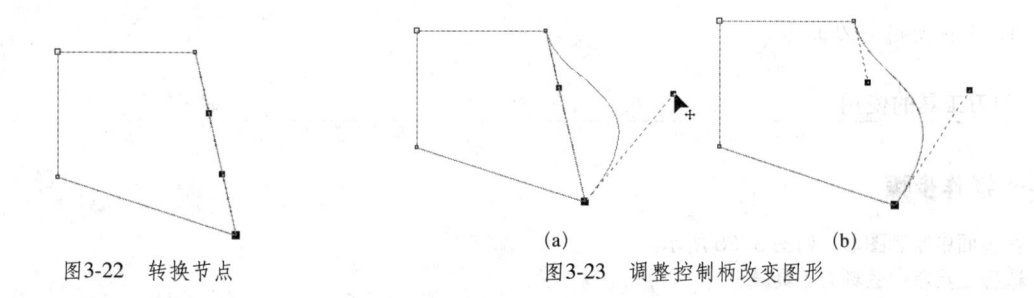

图3-22 转换节点

图3-23 调整控制柄改变图形

2. 形状工具属性栏

利用形状工具选择页面中的曲线，其属性栏如图3-24所示。

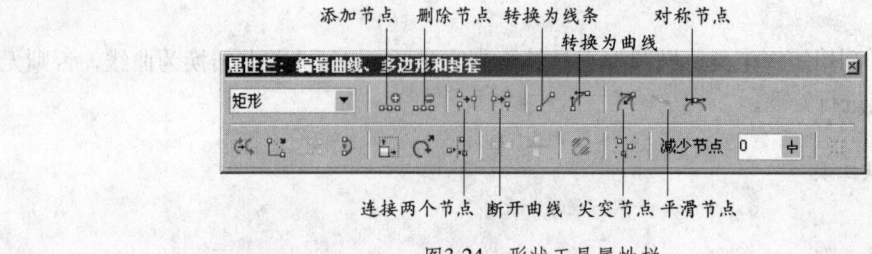

中文版CoreIDRAW X5经典教程

图3-24 形状工具属性栏

选项说明

- **添加节点**：单击该按钮，可在曲线上添加一个节点。另外，利用形状工具直接在曲线上双击，也可添加节点。
- **删除节点**：选中一个节点后，单击该按钮，可删除该节点。另外，利用形状工具直接在节点上双击，也可删除节点。
- **连接两个节点**：单击该按钮，可将两个节点合并为一个节点。
- **断开曲线**：单击该按钮，可将一条曲线依据节点分割为多条曲线。
- **转换为线条**：单击该按钮，可将曲线转换为直线。此时，节点没有控制柄，无法通过节点上的控制柄来调整线条。
- **转换为曲线**：在选择直线时，单击该按钮，可将直线转换为曲线。此时，节点上出现控制柄，通过节点上的控制柄，可调整线条的形状。
- **尖突节点**：单击该按钮，可将当前节点转换为尖突节点。尖突节点将使节点交叉线呈角或点形状。
- **平滑节点**：单击该按钮，可将当前节点转换为平滑节点。平滑节点将使节点交叉线呈曲线形状。
- **对称节点**：单击该按钮，可将当前节点转换为对称节点。对称节点使节点交叉线呈曲线形状，并以完全相同的角度交叉节点。

3.6 刻刀工具

利用刻刀工具，可将一个对象拆分为两个对象，并且路径将自动闭合。需要说明的是，如果在图形上使用刻刀工具进行处理，该图形将自动转换为曲线。

1. 上机使用刻刀工具

刻刀工具的使用

操作步骤

1 在页面中绘制图形，如图3-25所示。
2 选择工具箱中的刻刀工具 。
3 将刻刀工具移至图形上，单击鼠标左键不放并拖拽，将刻刀工具定位在要停止剪切的位置，如图3-26（a）所示。
4 松开鼠标，图形中会出现一条分割线。利用挑选工具移动分割后的图形，如图3-26（b）所示。

图3-25 绘制图形　　　　　　　图3-26 使用刻刀工具分割图形

> **提示** 默认情况下，对象会被分割为两个对象，路径也会自动闭合。如果要将贝塞尔曲线分割成若干段，按住【Shift】键单击要开始分割的位置，然后在每次要改变线条方向的位置单击即可。如果要以 15°的增量约束线条，则同时按住【Shift+Ctrl】组合键。

2. 刻刀工具属性栏

选择刻刀工具后，其属性栏如图 3-27 所示。

选项说明

- 保留为一个对象：单击该按钮后，在分割时将对象拆分为两个子路径。
- 剪切时自动闭合：单击该按钮后，将分割为两个对象，路径也会自动闭合。

图3-27 【刻刀和橡皮擦工具】属性栏

3.7 橡皮擦工具

利用工具箱中的橡皮擦工具，可擦除图形的部分区域。需要注意的是，在使用橡皮擦工具之前，应确保选中对象。

1. 上机使用橡皮擦工具

橡皮擦工具的使用

操作步骤

1 在页面中绘制图形，如图 3-28（a）所示。
2 确保选中图形，选择工具箱中的橡皮擦工具 。
3 在图形上单击鼠标左键不放并拖拽，进行擦除操作，如图 3-28（b）所示。

图3-28 擦除对象

> **提示** 擦除部分对象时，任何受影响的路径都会自动闭合。通过单击要开始擦除的位置，然后单击要结束擦除的位置，可以以直线方式擦除。另外，通过双击选定对象的一个区域，也可以擦除该区域。

2. 橡皮擦工具属性栏

选择橡皮擦工具后，其属性栏如图3-29所示。

选项说明

- ▣ 1.0 mm ▣ 橡皮擦厚度：在该文本框中输入数值，可以改变橡皮擦工具所擦除区域的宽度。
- 减少节点：单击该按钮，可保持擦除区域的所有节点。
- 橡皮擦形状：该按钮不被激活时，擦除的轮廓是圆形；该按钮被激活时，擦除的轮廓是方形。

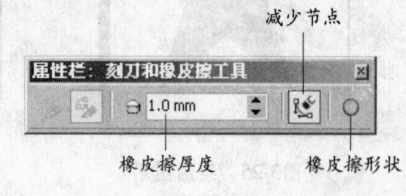

图3-29 【刻刀和橡皮擦工具】属性栏

3.8 涂抹笔刷工具

涂抹笔刷工具的作用是使曲线产生向内凹或者向外凸起的变形。需要说明的是，涂抹笔刷工具只能对曲线对象进行操作。

1. 上机使用涂抹笔刷

涂抹笔刷工具的使用

操作步骤

1. 在页面中绘制图形，如图3-30（a）所示。
2. 单击【排列】→【转换为曲线】命令。
3. 确保选中曲线对象，选择工具箱中的涂抹笔刷工具 ⁄ 。
4. 在曲线对象上单击鼠标左键不放并拖拽，即可进行涂抹操作。在进行涂抹操作时，如果从图形的外部向内部涂抹，将产生凹进的效果，如图3-30（b）所示；如果从内部向外部涂抹，则产生凸出的效果，如图3-30（c）所示。

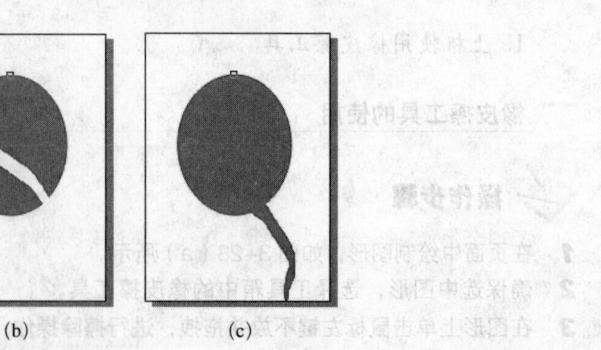

(a)　　　　(b)　　　　(c)

图3-30 涂抹对象

2. 涂抹笔刷属性栏

选择涂抹笔刷工具后，其属性栏如图3-31所示。

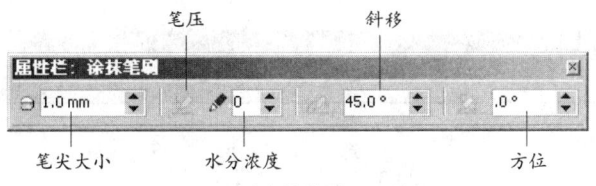

图3-31 【涂抹笔刷】属性栏

选项说明

- 笔尖大小：用于改变笔刷笔尖的大小。
- 笔压：单击该按钮后可以设置笔刷笔尖的压力。
- 水分浓度：用于设置凹进或凸起曲线逐渐变细的比率，取值范围介于 -10～10 的值。
- 斜移：设置笔尖的涂抹形状，取值范围介于 1～90 的值。
- 方位：用于设置涂抹的笔尖形状的倾斜角度。

> **注意** 不能将涂抹应用于因特网或嵌入对象、链接图像、网格、遮罩或网状填充的对象，或者具有调和效果和轮廓图效果的对象。

3.9 粗糙笔刷

利用涂抹笔刷工具，可以使曲线产生锯齿或尖突的效果。

1. 上机使用粗糙笔刷

涂抹笔刷工具的使用

操作步骤

1. 在页面中绘制图形，如图3-32（a）所示。
2. 单击【排列】→【转换为曲线】命令。
3. 确保选中曲线对象。选择工具箱中的粗糙笔刷工具。
4. 按住鼠标不放在曲线对象上沿着轮廓拖动，如图3-32（b）所示，当拖动到适当的位置时松开鼠标，即可产生粗糙效果，如图3-32（c）所示。

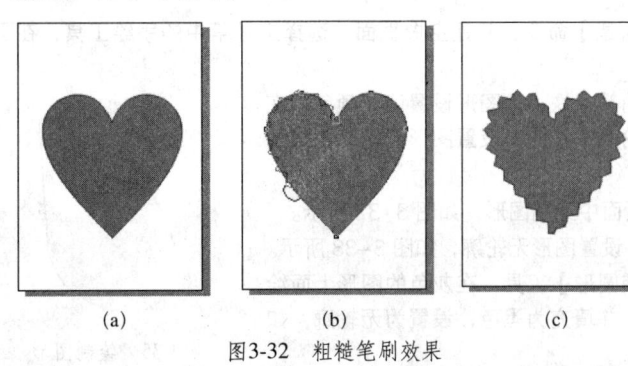

(a) (b) (c)

图3-32 粗糙笔刷效果

2. 粗糙笔刷属性栏

选择粗糙笔刷工具后，其属性栏如图 3-33 所示。

笔头大小　　尖突频率

图3-33　【粗糙笔刷】属性栏

选项说明

- 笔尖大小：在该文本框中设置数值，可以调整粗造笔刷的大小。
- 尖突频率：在该文本框中设置数值，可改变粗糙区域中的尖突数量。

3.10 上机实战

通过本章的学习，读者掌握了 CorelDRAW 中曲线与线段的知识。下面通过几个上机实例，进一步熟悉和掌握曲线与线段的绘制和操作技巧。

3.10.1 卡通狗

本实例为绘制卡通狗，效果如图 3-34 所示。

图3-34　卡通狗

绘制卡通狗

最终效果：光盘\效果\第3章\卡通狗.cdr

操作步骤

1　单击【文件】→【新建】命令，新建空白页面。选择工具箱中的手绘工具，在页面中绘制图形，如图 3-35 所示。
2　单击【调色板】中的颜色块，为图形设置填充颜色，在工具箱中选择【无轮廓】按钮，设置图形无轮廓，如图 3-36 所示。
3　选择手绘工具，在页面中绘制图形，如图 3-37 所示。
4　为图形填充灰色，并设置图形无轮廓，如图 3-38 所示。
5　选择工具箱中的【椭圆形】工具，在灰色的图形上面绘制一个小的正圆形，并填充为黑色，设置为无轮廓，如图 3-39 所示。

图3-35　绘制图形　　图3-36　填充图形

52

6 选中步骤3~步骤5中绘制的图形,单击【排列】→【群组】命令,将其组合到一起。
7 单击【编辑】→【复制】命令,复制图形。
8 单击【编辑】→【粘贴】命令,粘贴图形。
9 选择工具箱中的【自由变换】工具,对复制得到的图形进行调整,如图3-40所示。

图3-37 绘制图形　　图3-38 填充图形　　图3-39 绘制图形并填充　　图3-40 调整图形

10 将调整好的图形移到合适的位置,并调整其中一只眼睛的大小,如图3-41所示。
11 选择工具箱中的椭圆形工具,在页面中绘制鼻子,并填充为黑色,设置为无轮廓,如图3-42所示。
12 选择工具箱中的【手绘】工具,在页面中绘制嘴,并进行填充,设置为无轮廓,如图3-43所示。
13 继续利用手绘工具在页面中绘制耳朵,并进行填充,设置为无轮廓,如图3-44所示。
14 重复步骤13的操作绘制另外一只耳朵,如图3-45所示。

图3-41 调整眼睛的大小　　图3-42 绘制鼻子

图3-43 绘制嘴　　图3-44 绘制耳朵　　图3-45 绘制另外一只耳朵

15 单击【排列】→【顺序】→【到页面后面】命令,得到的最终效果如图3-34所示。

3.10.2 标靶

本实例为制作标靶,效果如图3-46所示。

图3-46 标靶

绘制标靶

最终效果：光盘\效果\第3章\标靶.cdr

操作步骤

1. 单击【文件】→【新建】命令，新建一个空白页面。
2. 在工具箱中选择椭圆形工具，按住【Ctrl】键的同时，在页面中绘制一个正圆，如图3-47所示。
3. 在调色板中单击靛蓝色色块，为圆形进行填充。设置图形为无轮廓，效果如图3-48所示。
4. 单击【编辑】→【复制】命令，再单击【编辑】→【粘贴】命令，按住【Shift+Alt】组合键的同时调整圆形四角的控制点，将图形等比例缩小，如图3-49所示。
5. 在调色板中单击深蓝色色块，为圆形填充颜色，如图3-50所示。
6. 重复步骤4～步骤5的操作，得到的效果如图3-51所示。

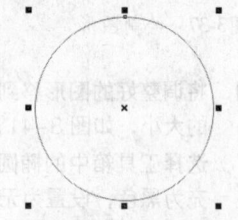

图3-47 绘制正圆形

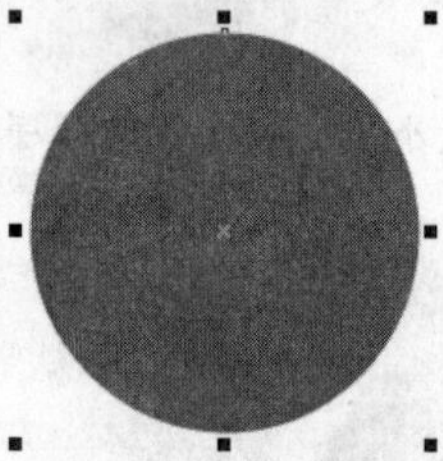

图3-48 填充图形 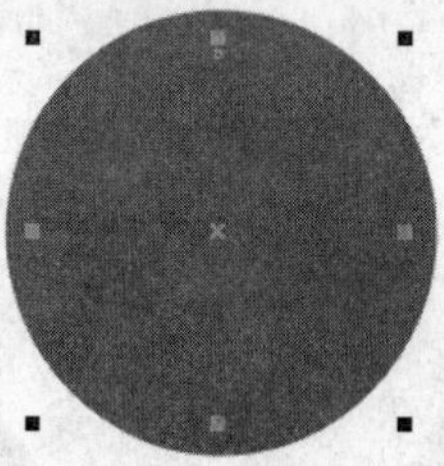　　图3-49 复制并调整图形 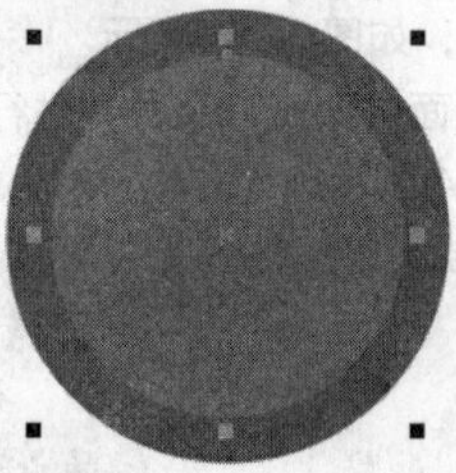　　图3-50 再次填充图形 　　图3-51 再次复制并调整图形

7. 选择工具箱中的【折线】工具，在页面中绘制直线，利用挑选工具选择直线。
8. 在工具箱中选择【轮廓笔】按钮，打开【轮廓笔】对话框，从【箭头】选项区中选择起始箭头和结束箭头，如图3-52所示。
9. 单击【确定】按钮，为直线应用箭头样式，在调色板中单击粉色色块，为箭头填充颜色，如图3-53所示。
10. 选中页面中的箭头图形，单击【编辑】→【复制】命令，再单击【编辑】→【粘贴】命令，重复粘贴多个箭头图形，调整它们的大小、位置及颜色，并设置旋转效果，如图3-54所示。
11. 在页面中绘制一个矩形，单击【排列】→【顺序】→【到页面后面】命令，在调色板中单击黄色色块，为图形填充颜色，设置图形为无轮廓，如图3-55所示。
12. 按照步骤11的方法在页面中绘制矩形，并填充颜色，效果如图3-56所示。

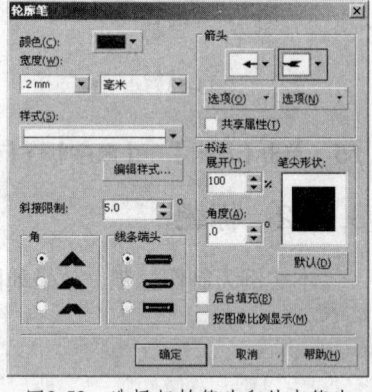

图3-52 选择起始箭头和结束箭头

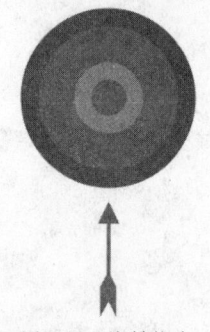

图3-53 绘制箭头 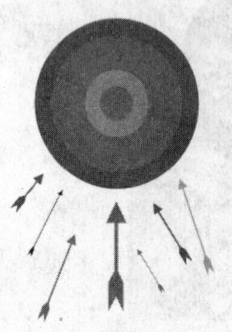　　图3-54 复制箭头并旋转 　　图3-55 绘制矩形并填充颜色 　　图3-56 制作背景

13 选择工具箱中的【文本】工具，在文本工具属性栏中设置适当的字体与字号，在页面中输入文字，得到的最终效果如图3-46所示。至此，本实例制作完毕。

3.10.3 仕女图

本实例为制作仕女图，效果如图3-57所示。

图3-57 仕女图

绘制仕女图

最终效果：光盘\效果\第3章\仕女图.cdr

操作步骤

1 单击【文件】→【新建】命令，新建一个空白页面。
2 选择工具箱中的【艺术笔】工具，在属性栏的【预设笔触列表】下拉列表框中选择合适的笔触样式，如图3-58所示。

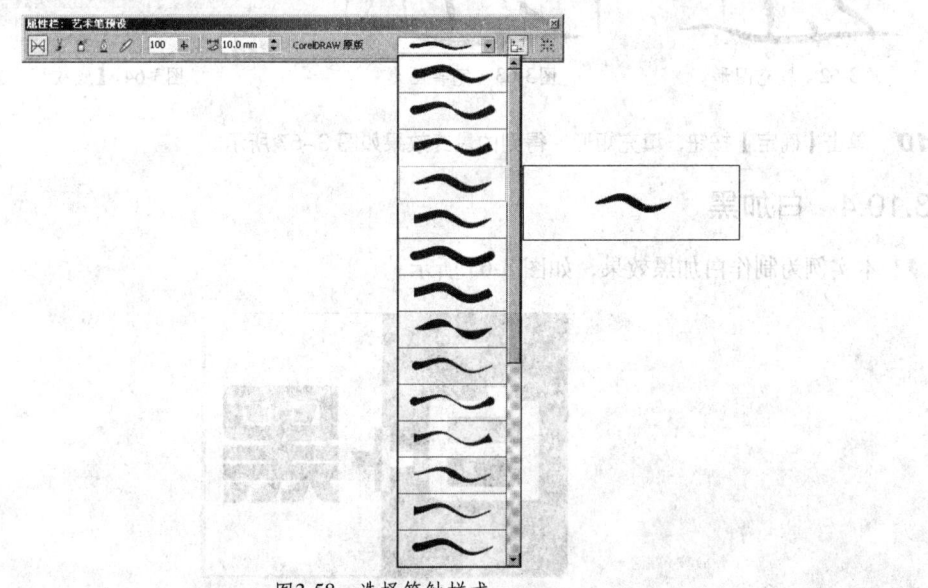

图3-58 选择笔触样式

3 在页面中单击鼠标左键并拖拽，进行绘画，如图 3-59 所示。
4 继续绘画，得到的图形效果如图 3-60 所示。
5 利用工具箱中的形状工具与钢笔工具对图形进行细调，效果如图 3-61 所示。

图3-59 开始绘制　　　　　图3-60 绘制图形　　　　　图3-61 调整图形

6 利用挑选工具选中页面中的所有图形，在调色板中单击黑色色块，对图形进行填充，如图 3-62 所示。
7 继续使用艺术笔工具进行绘制，完善图形，如图 3-63 所示。
8 在工具箱中双击【矩形】工具，创建一个和页面一样大小的矩形。
9 在工具箱中选择【底纹填充】按钮，在打开的【底纹填充】对话框中选择一种底纹效果，如图 3-64 所示。

图3-62 填充图形　　　　　图3-63 完善图形　　　　　图3-64 【底纹填充】对话框

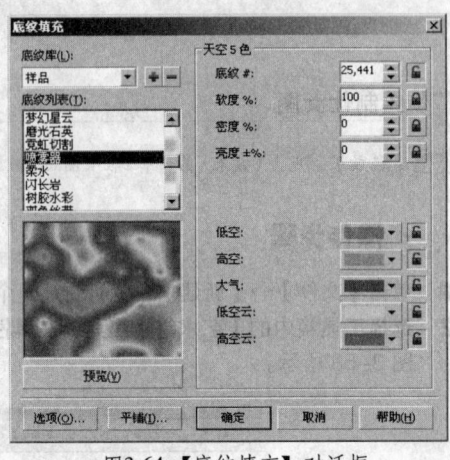

10 单击【确定】按钮，填充矩形，得到的最终效果如图 3-57 所示。

3.10.4 白加黑

本实例为制作白加黑效果，如图 3-65 所示。

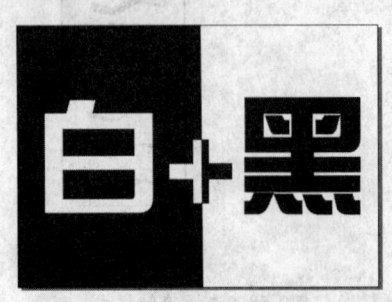

图3-65 白加黑效果

绘制白加黑

最终效果：光盘\效果\第3章\白加黑.cdr

操作步骤

1. 单击【文件】→【新建】命令，新建一个空白页面，并设置页面为横向。
2. 在工具箱中双击【矩形】工具，创建一个与页面一样大小的矩形，在调色板中单击黑色色块，将图形填充为黑色，如图3-66所示。
3. 选择工具箱中的【文本】工具，设置适当的字体与字号，在页面中单击鼠标输入文字，如图3-67所示。

图3-66　创建矩形并填充　　　　　图3-67　输入文字

4. 选中页面中的全部图形，单击【排列】→【转换为曲线】命令。
5. 单击属性栏中的【修剪】按钮，修剪图形，效果如图3-68所示。
6. 选择工具箱中的刻刀工具，在页面的上端单击鼠标左键，然后在页面的下端单击鼠标左键，分割图形。
7. 利用挑选工具选中文字，单击【编辑】→【删除】命令，删除文字，如图3-69所示。
8. 再次利用挑选工具选中图形的右半部分，如图3-70所示。

图3-68　对图形进行修剪　　　图3-69　删除选中的文字　　　图3-70　选中图形的右半部分

9. 单击【编辑】→【删除】命令，删除右半部分的图形，得到的最终效果如图3-65所示。至此，本实例制作完毕。

3.10.5　日式插画

本实例为制作日式插画，效果如图3-71所示。

图3-71　日式插画

绘制日式插画

所用素材：光盘\素材\第3章\日本女性.wmf
最终效果：光盘\效果\第3章\日式插画.cdr

操作步骤

1. 单击【文件】→【新建】命令，新建一个空白页面，并设置页面为横向。
2. 使用鼠标指针对准标尺，按住鼠标左键并向需要设置辅助线的位置拖动，在页面中创建两条辅助线，如图 3-72 所示。
3. 选择工具箱中的【椭圆形】工具，按住【Ctrl】键的同时，在页面中拖动鼠标绘制一个正圆形，如图 3-73 所示。

图3-72　创建辅助线　　　　　　　图3-73　绘制正圆形

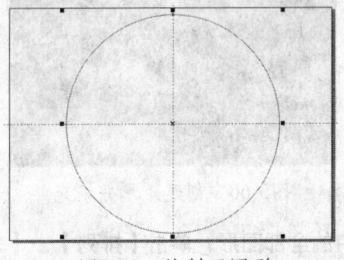

4. 在调色板中单击红色色块，将正圆形填充为红色。
5. 在工具箱中选择【轮廓笔】按钮，在打开的【轮廓笔】对话框中设置轮廓的【宽度】为 1.5mm，单击【确定】按钮，效果如图 3-74 所示。
6. 利用挑选工具选择正圆形，单击【编辑】→【复制】命令，再单击【编辑】→【粘贴】命令，按住【Shift】键的同时对复制得到的图形等比例进行缩小，如图 3-75 所示。

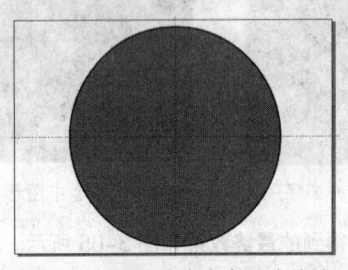

图3-74　设置轮廓宽度后的效果　　　　图3-75　调整图形的大小

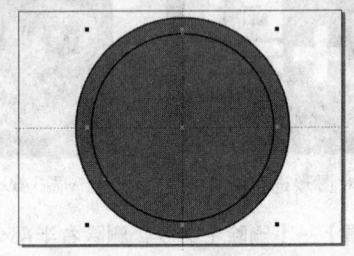

7. 在工具箱中选择【轮廓笔】按钮，在打开的【轮廓笔】对话框中设置轮廓的【宽度】为 0.706mm，效果如图 3-76 所示。
8. 单击【编辑】→【复制】命令，复制图形，再单击【编辑】→【粘贴】命令，粘贴图形，按住【Shift】键的同时调整图形的大小，如图 3-77 所示。

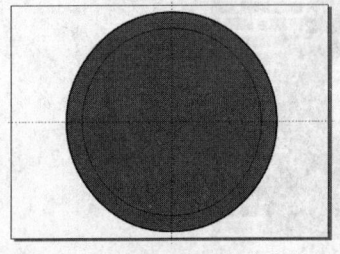

图3-76　设置图形的轮廓宽度　　　　图3-77　调整图形的大小

9 在【轮廓笔】对话框中设置轮廓的【宽度】为1.5mm，效果如图3-78所示。
10 选择工具箱中的【折线】工具，在页面中拖动鼠标绘制线段，如图3-79所示。

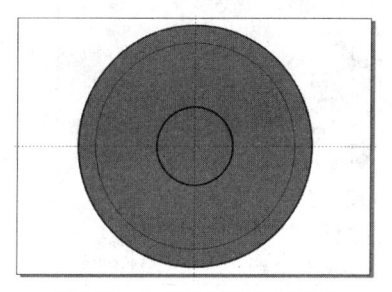

图3-78 设置图形的轮廓宽度　　　　　　　图3-79 绘制线段

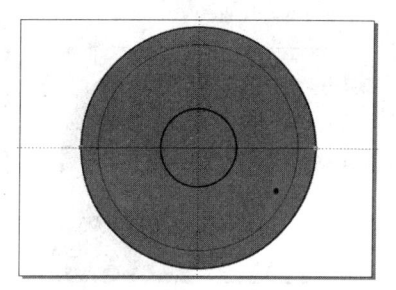

11 单击【窗口】→【泊坞窗】→【变换】→【旋转】命令，在打开的【变换】泊坞窗中进行设置（如图3-80所示），单击【应用】按钮，得到的效果如图3-81所示。
12 利用挑选工具单击辅助线，然后单击【Delete】键，将辅助线删除。
13 单击【文件】→【导入】命令，打开【导入】对话框，在其中选择一幅图形文件，如图3-82所示。

图3-80 【变换】泊坞窗

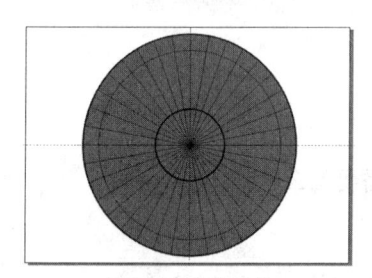

图3-81 变换效果　　　　　　　图3-82 【导入】对话框

14 单击【导入】按钮，在页面中单击并拖拽导入图形，效果如图3-83所示。
15 在工具箱中双击【矩形】工具，创建一个与页面一样大小的矩形。
16 在工具箱中选择【图样填充】对话框，在打开的【图样填充】对话框中选择【双色】图案，并设置【前部】和【后部】的颜色，如图3-84所示。
17 单击【确定】按钮填充矩形，最终的效果如图3-71所示。至此，本实例制作完毕。

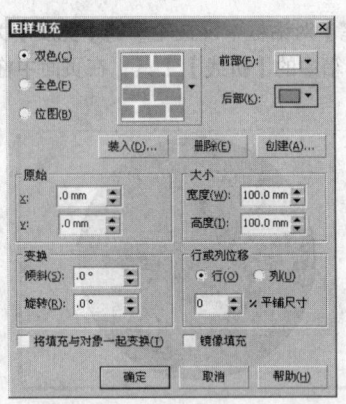

图3-83　导入图形　　　　　　　图3-84 【图样填充】对话框

3.11　本章小结

在 CoreIDRAW X5 中，可以使用多种技巧和工具来添加曲线与线段，本章主要介绍了 CoreIDRAW 中绘制曲线与线段的工具，当绘制完线条后，还可以在属性栏中为其指定属性。

通过本章的学习，希望用户理解并掌握节点和线段的构成，并绘制出好的作品。

3.12　习题

1. 填空题

(1) CoreIDRAW X5 提供了多种工具，用于绘制和调整曲线，这些工具包括：＿＿＿＿、＿＿＿＿、＿＿＿＿、＿＿＿＿、＿＿＿＿和＿＿＿＿等。

(2) 利用手绘工具可以绘制＿＿＿＿和＿＿＿＿。

(3) 利用形状工具，可以调节曲线上的＿＿＿＿，从而改变曲线的＿＿＿＿。

2. 问答题

(1) 贝塞尔工具和形状工具有什么不同之处？

(2) 若想使用手绘工具绘制一条水平线段，需要怎么做？

(3) 在使用刻刀工具时，如果要以 15 度的增量约束线条，需要怎么做？

3. 上机题

(1) 上机练习使用贝塞尔工具。

(2) 上机练习使用艺术笔工具。

(3) 上机练习使用刻刀工具。

第4章　图形的轮廓与填充

内容提要

在 CorelDRAW X5 中，所谓轮廓是指线条图形。线条图形既可以是封闭的，也可以是开放的。对于封闭的线条图形来说，还可以对其进行填充。CorelDRAW 提供了丰富的轮廓与填充功能，用于对图形进行美化处理。

4.1　图形的轮廓

在 CorelDRAW X5 中，可以更改轮廓的外观，包括：颜色、宽度、样式、角形状和线端样式。还可以删除轮廓，或者通过调整线条中线段间的距离来自定义轮廓样式。

图形轮廓的处理主要是通过【轮廓展开工具栏】来实现，如图 4-1 所示，其中包括：【轮廓笔】按钮、【轮廓色】按钮以及一些预设的轮廓宽度等。

4.1.1　轮廓笔

利用工具箱中的【轮廓笔】按钮，可对轮廓的颜色、宽度、样式等进行设置。

1. 上机使用轮廓笔

图4-1　轮廓展开工具栏

【轮廓笔】的使用

操作步骤

1. 利用矩形工具绘制矩形，如图 4-2 所示。
2. 从工具箱中选择【轮廓笔】按钮，弹出【轮廓笔】对话框，打开【宽度】下拉列表框，从中选择一种宽度；打开【样式】下拉列表框，从中选择一种样式，如图 4-3 所示。
3. 单击【确定】按钮，改变后的轮廓如图 4-4 所示。

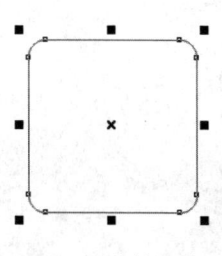

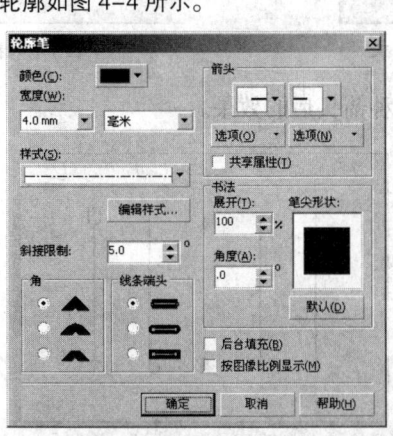

图4-2　绘制图形　　　　图4-3　【轮廓笔】对话框　　　　图4-4　改变后的轮廓

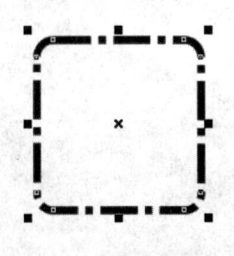

61

2.【轮廓笔】对话框详解

在如图 4-3 所示的【轮廓笔】对话框中提供了多种选项，用于处理图形的轮廓，比如：改变轮廓的颜色、样式以及为线条添加箭头等。

选项说明

- 【颜色】：单击该按钮，可以从颜色列表中选择轮廓的颜色。
- 【宽度】：在该下拉列表框中可以选择轮廓的宽度。
- 【样式】：在该下拉列表框中可以选择轮廓的样式。
- 【编辑样式…】：在【样式】下拉列表框中选择了某个样式后，单击该按钮，可弹出【编辑线条样式】对话框，从中可对所选的样式进行编辑，如图 4-5 所示。

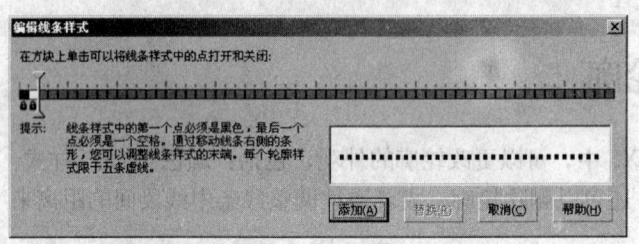

图4-5 【编辑线条样式】对话框

- 【箭头】选项区：在该选项区中提供了两个下拉列表框，打开左边的下拉列表框，从中选择表示起点的箭头样式，如图 4-6 所示。打开右边的下拉列表框，从中选择表示终点的箭头样式，如图 4-7 所示。

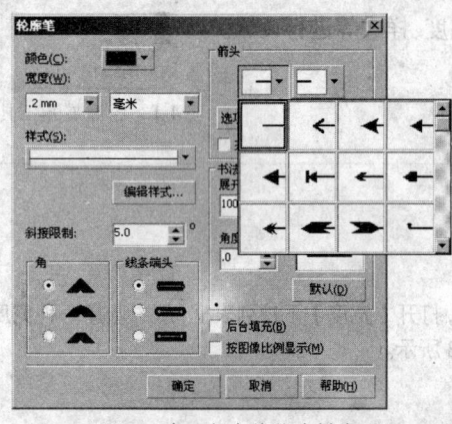

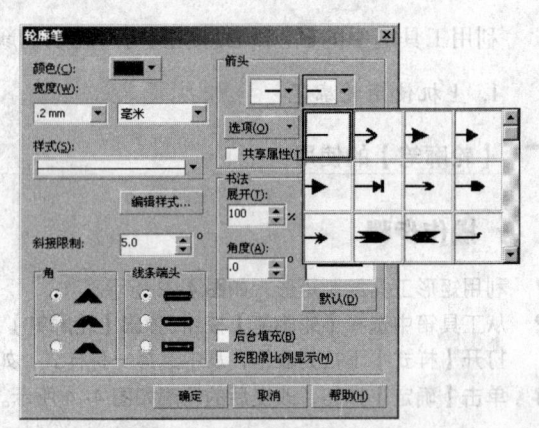

图4-6 表示起点的箭头样式　　　　　图4-7 表示终点的箭头样式

如图 4-8 所示为线条添加各种箭头后的效果。

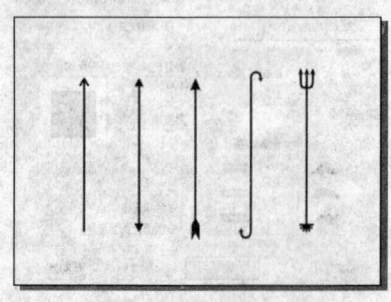

图4-8 各种箭头效果

4.1.2 轮廓颜色

利用【轮廓色】按钮，可通过模型、混和器、调色板等方式对轮廓的颜色进行设置。

【轮廓颜色】的使用

操作步骤

1 选择要改变轮廓颜色的图形，如图4-9所示。
2 从工具箱中选择【轮廓色】按钮，弹出【轮廓颜色】对话框，如图4-10所示。在该对话框中包括3个选项卡，即：模型、混和器和调色板。利用该3个选项卡可选择和创建颜色。
3 单击【确定】按钮，改变轮廓颜色后的效果如图4-11所示。

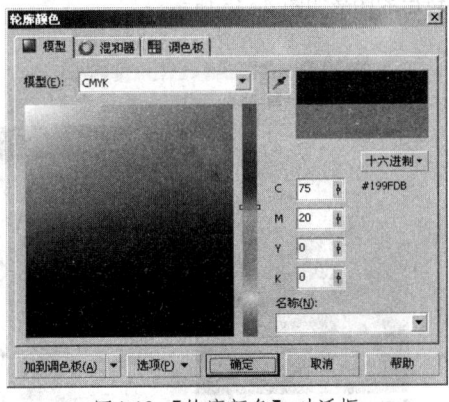

图4-9 选择图形　　　　图4-10 【轮廓颜色】对话框　　　　图4-11 改变轮廓的颜色

4.1.3 无轮廓和轮廓预设值

在【轮廓展开工具栏】中包含了一些预设的轮廓宽度，分别是【无轮廓】按钮✕、【细线轮廓】按钮✕、【0.1mm】按钮━、【0.2mm】按钮━、【0.25mm】按钮━，等等，单击它们可以改变图形的轮廓宽度，如图4-12所示。

图4-12 不同宽度的轮廓

4.2 图形的填充

在 CorelDRAW X5 中，可以为图形应用多种填充方式，包括纯色均匀填充、渐变填充、图样填充及底纹填充等。

图形的填充处理主要是通过填充展开工具栏来实现的，如图4-13所示，其中包括：【均匀填充】按钮、【渐变填充】按钮、【图样填充】按钮、【底纹填充】按钮、【PostScript 填充】按钮、【无填充】按钮等。

图4-13 填充展开工具栏

4.2.1 均匀填充

利用【均匀填充】按钮，可以在图形中应用均匀填充。所谓均匀填充，是指对图形填充单一的颜色，比如：红色、绿色等。

【均匀填充】的使用

操作步骤

1 选择需要填充的图形，如图 4-14 所示。
2 从工具箱中选择【均匀填充】按钮，弹出【均匀填充】对话框，如图 4-15 所示。在该对话框中包括 3 个选项卡，即：模型、混和器和调色板。利用该 3 个选项卡可选择和创建颜色。
3 单击【确定】按钮，填充颜色后的图形如图 4-16 所示。

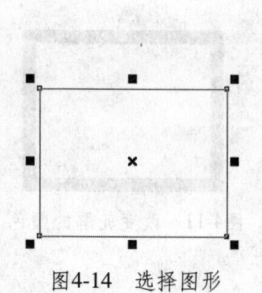

图4-14 选择图形　　图4-15 【均匀填充】对话框　　图4-16 填充颜色后的图形

4.2.2 渐变填充

利用【渐变填充】按钮，可以在图形中应用预设渐变填充、双色渐变填充和自定义渐变填充。所谓渐变填充，是指为图形填充两种或多种颜色的平滑渐变。

1. 上机使用渐变填充

【渐变填充】的使用

操作步骤

1 选择要填充渐变的图形，如图 4-17 所示。
2 从工具箱中选择【渐变填充】按钮，弹出【渐变填充】对话框，在【预设】下拉列表框中选择一种渐变填充样式，如图 4-18 所示。
3 单击【确定】按钮，对所选的图形填充渐变，如图 4-19 所示。

2.【渐变填充】对话框详解

在【渐变填充】对话框中提供了多种渐变选项，可以根据需要进行设置，如图 4-20 所示。

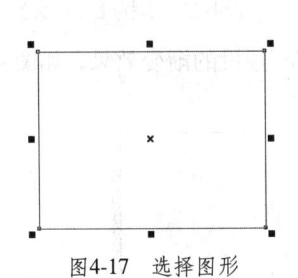

图4-17 选择图形

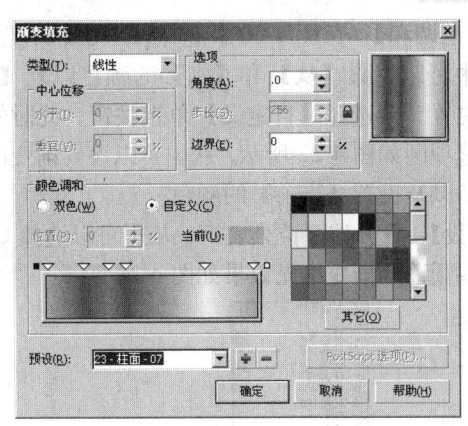

图4-18 【渐变填充】对话框

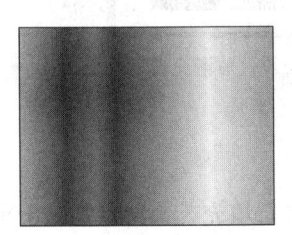

图4-19 填充渐变后的图形

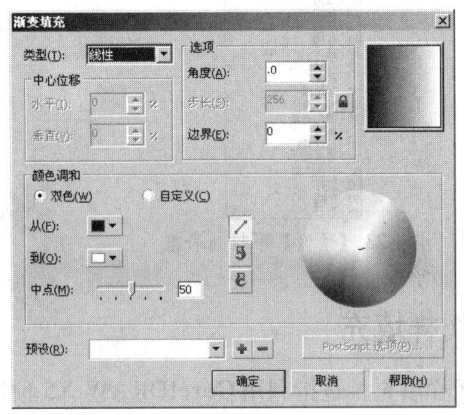

图4-20 【渐变填充】对话框

选项说明

- 【类型】：该下拉列表框中提供了4种填充类型，包括：线性渐变、射线渐变、圆锥渐变和方角渐变。
  - ➢ 线性：线性渐变填充沿着对象作直线流动。
  - ➢ 射线：辐射渐变填充从对象中心向外辐射。
  - ➢ 圆锥：圆锥渐变填充产生光线落在圆锥上的效果。
  - ➢ 正方形：而方形渐变填充则以同心方形的形式从对象中心向外扩散。

  4种渐变填充类型的效果如图4-21所示。

线性渐变填充　　　　射线渐变填充　　　　圆锥渐变填充　　　　正方形渐变填充

图4-21 4种渐变填充的效果

- 【中心位移】：只有对图形应用射线渐变、圆锥渐变和方角渐变之后，该选项区才起作用。在【水平】和【垂直】文本框中设置数值，可以分别调整渐变中心点的水平位置和垂直位置。

- 【颜色调和】：在图4-20中选择【双色】单选按钮，从中可以设置【从】和【到】的颜色以及【中点】的位置。若选择【自定义】单选按钮，此时颜色调和选项区如图4-22所示，从中可以设置渐变的【位置】以及设置【当前】的颜色。

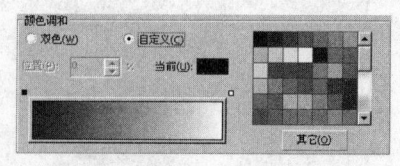

图4-22 选择【自定义】单选按钮

- 【预设】：打开该下拉列表框，从中可以选择CorelDRAW预设的渐变效果，如图4-23所示。一些预设的渐变填充效果如图4-24所示。

图4-23 【预设】下拉列表框

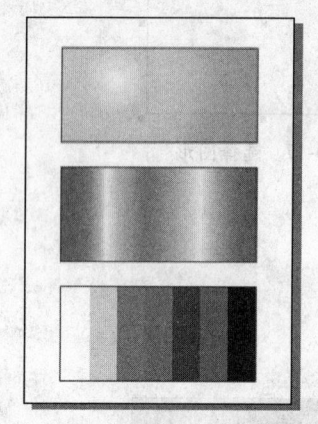

图4-24 一些预设的渐变填充效果

4.2.3 图样填充

所谓图样填充，是指利用CorelDRAW X5预设的图样进行填充，其特点是易于平铺。利用【图样填充】按钮，可以使用双色、全色或位图图样填充来填充图形对象。

1. 上机使用图样填充对话框

【图样填充】的使用

操作步骤

1. 选择要填充的图形，如图4-25所示。
2. 从工具箱中选择【图样填充】按钮，弹出【图样填充】对话框，从中选择填充类型和图样，如图4-26所示。
3. 单击【确定】按钮，填充后的效果如图4-27所示。

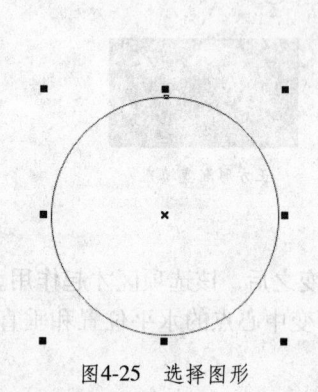

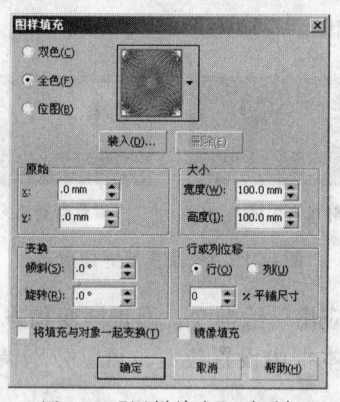

图4-25 选择图形

图4-26 【图样填充】对话框

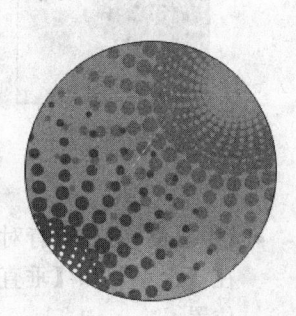

图4-27 填充图样后的效果

2．【图样填充】对话框详解

在如图4-26所示的【图样填充】对话框中提供了多种填充选项，可以根据需要进行设置。

选项说明

- 【双色】：可以选择两种颜色用于图案。
- 【全色】：这是一种比较复杂的矢量图形填充方式，它由线条和填充组成。
- 【位图】：这是一种位图图像填充方式，其复杂性取决于其大小、图像分辨率和位深度。
- 【原始】选项区：在【X】和【Y】两个文本框中设置相应的数值，用于设置图案起点相对于坐标原点的位置。
- 【大小】：在【宽度】和【高度】文本框中设置相应的数值，可调整填充图案的大小。
- 【变换】：在【倾斜】和【旋转】文本框中设置相应的数值，可用于倾斜和旋转图案。
- 【行或列位移】：在该选项区中选择【行】或【列】单选按钮，然后在【平铺尺寸】文本框中输入相应的数值，可以位移图纹填充的平铺原点。
- 【镜像填充】：选择该复选框，可以镜像图样填充。

4.2.4 底纹填充

所谓底纹填充，是指利用CorelDRAW X5预设的模仿自然界事物的纹理进行填充，其特点是随机生成填充，以赋予图形各种自然的外观。利用【底纹填充】按钮，可对封闭图形进行底纹填充。

1．上机使用底纹填充

【底纹填充】的使用

操作步骤

1 选择要填充的图形，如图4-28所示。

2 从工具箱中选择【底纹填充】按钮，弹出【底纹填充】对话框，从中选择一种填充样式，如图4-29所示。

3 单击【确定】按钮，对所选的图形进行填充，填充后的效果如图4-30所示。

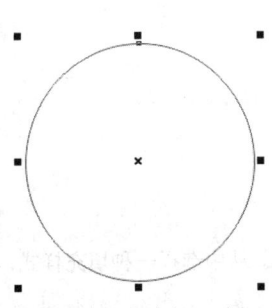

图4-28 选择图形　　　图4-29 选择填充样式　　　图4-30 填充底纹后的效果

2. 【底纹填充】对话框详解

在如图 4-29 所示的【底纹填充】对话框中提供了多种填充按钮，可以根据需要进行设置。

选项说明

- 【底纹库】：该下拉列表框中提供了多个底纹类别。
- 【底纹列表】：该下拉列表框中提供了多种底纹样式。
- 【样式名称】：选择一种底纹样式后，可以更改样式效果。
- 【选项】：单击该按钮，在弹出的【底纹选项】对话框中可以设置【位图分辨率】及【底纹尺寸限度】，如图 4-31 所示。
- 【平铺】：单击该按钮后，弹出【平铺】对话框，如图 4-32 所示。
  - 【原始】：在该选项区的【X】和【Y】文本框中输入相应的数值，可以设置底纹填充的平铺原点。

图 4-31 【底纹选项】对话框　　　图 4-32 【平铺】对话框

  - 【大小】：在该选项区的【宽度】和【高度】文本框中输入相应的数值，可以更改底纹平铺的大小。
  - 【变换】：在【倾斜】文本框中输入数值，可以倾斜底纹填充。在【旋转】文本框中输入数值，可以旋转底纹填充。
  - 【行或列位移】：在该选项区中选择【行】或【列】单选按钮，然后在【平铺尺寸】文本框中输入偏移量，可以偏移底纹填充的平铺原点。
  - 【镜像填充】：选择该复选框，可以镜像底纹填充。

4.2.5　PostScript 填充

PostScript 填充是指使用 PostScript 语言设计的一种特殊的填充方式。跟其他底纹的明显不同之外在于，从 PostScript 底纹的空白处可以看见它下面的图形。

1. 上机使用 PostScript 填充

【PostScript 填充】的使用

操作步骤

1　选择要填充的图形，如图 4-33 所示。
2　从工具箱中选择【PostScript 填充】按钮，弹出【PostScript 底纹】对话框，从中选择一种填充样式，如图 4-34 所示。
3　单击【确定】按钮，填充后的效果如图 4-35 所示。

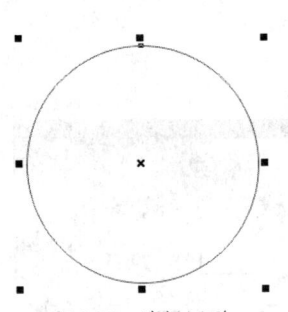

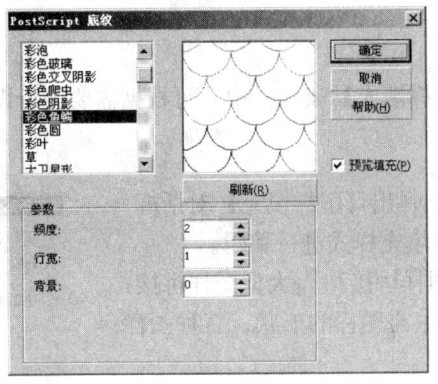

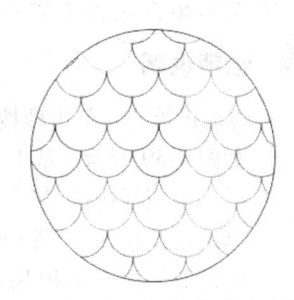

图4-33 选择图形　　　　图4-34 【PostScript底纹】对话框　　　　图4-35 填充PostScript底纹后的效果

2．【PostScript底纹】对话框详解

在如图 4-34 所示的【PostScrip 底纹】对话框中提供了多种填充选项，可以根据需要进行设置。

选项说明

- 【参数】：在该选项区中，可以对所选的底纹进行参数设置。
- 【预览填充】：选择该复选框，可预览填充效果。
- 【刷新】：单击该按钮，可以对重新设置参数后的底纹进行预览。

4.3 交互式填充

在 CorelDRAW X5 的工具箱中，有两个特殊的填充工具：交互式填充工具和网状填充工具。所谓交互式填充，是指可以按交互的方式进行填充操作。

4.3.1 交互式填充工具

交互式填充工具提供了多种填充类型，包括均匀填充、双色图样、位图图样等各种填充。

1．上机使用交互式填充工具

交互式填充工具的使用

操作步骤

1 选择要填充的图形，如图 4-36 所示。
2 从工具箱中选择交互式填充工具 ，在属性栏中的【填充类型】下拉列表中选择一种类型，在【填充下拉式】下拉列表框中选择一种填充样式，如图 4-37 所示。
3 填充后的效果如图 4-38 所示。

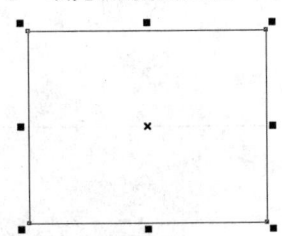

图4-36 选择图形　　　　图4-37 选择填充样式　　　　图4-38 交互式填充效果

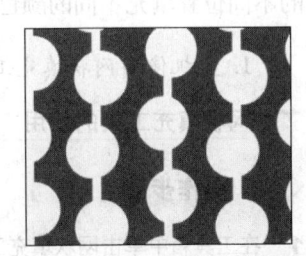

2. 交互式填充工具属性栏

在图 4-36 所示的【交互式图样填充】属性栏中，可根据需要进行设置。

选项说明

- **编辑填充**：单击该按钮，弹出【图样填充】对话框，如图 4-39 所示，从中可对填充样式进行编辑。
- **小型图样拼接**、**中型图样拼接**和**大型图样拼接**：单击这些按钮，可以改变填充图样的形状，三种图样拼接效果如图 4-40 所示。
- **复制属性**：在同一个文档中为多个图形应用同一种交互填充时，不必为每个图形进行逐个填充，可利用【复制属性】按钮进行填充。复制填充属性的方法是：选择【交互式填充工具】，单击需要填充的图形将其选中（圆形），如图 4-41 所示。单击属性栏中的【复制属性】按钮，此时鼠标变为黑色箭头形状，单击已经填充的图形（方形），如图 4-42 所示。此时方形图形中填充的图案已经复制到圆形图形中，如图 4-43 所示。

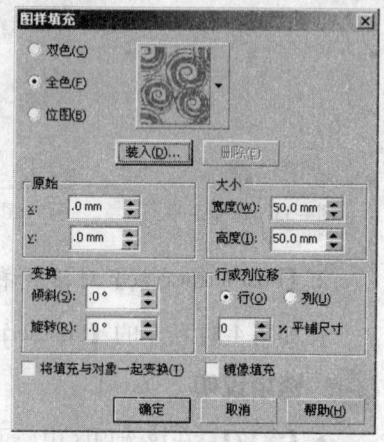

图4-39 【图样填充】对话框

小型图样拼接　　中型图样拼接　　大型图样拼接

图4-40　不同的图样拼接效果

图4-41　需要填充的图形　　图4-42　单击已经填充的图形　　图4-43　复制填充属性的效果

4.3.2 网状填充工具

利用网状填充工具，可在矢量图形上建立一种网格形状的框架结构。这种网格由若干条纵横交叉的虚线构成，虚线交叉处有节点，单击节点可以对其进行编辑，还可以利用网格在图形内部的不同位置填充不同的颜色。

1. 上机使用网状填充工具

网状填充工具的使用

操作步骤

1 在工具箱中单击网状填充工具。

2 单击图形后交互式网格就会被应用到图形中，如图 4-44 所示。

3 此时可以调整网格的节点及线条，如图4-45所示。
4 单击某个节点，然后单击色样，可在该节点所控制的区域进行填充，如图4-46所示。

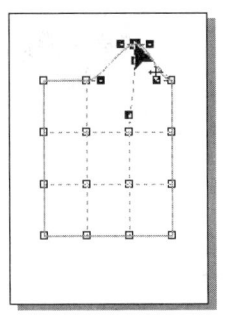

图4-44　应用交互式网格　　　　图4-45　调整节点　　　　图4-46　利用网格进行填充

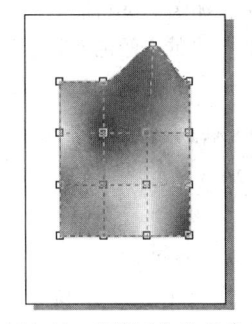

> **提示**　调整网格就像调整曲线一样，可以在网格上面进行添加节点、删除节点、拖动控制柄、拖动曲线等操作。

2. 交互式网状填充工具属性栏

【交互式网状填充工具】属性栏如图4-47所示。

图4-47　【交互式网状填充工具】属性栏

选项说明

- **网格大小**：在该文本框中输入相应的数值，可指定网格的列数和行数。
- **添加交叉点**：在网格中需要添加交叉点的地方单击，然后单击该按钮，可在曲线上添加一个交叉点。
- **删除节点**：选中一个节点后，单击该按钮，可删除该节点。
- **转换曲线为直线**：单击该按钮，可将曲线转换为直线。
- **转换直线为曲线**：单击该按钮，可将直线转换为曲线。
- **使节点成为尖突**：单击该按钮，可将当前节点转换为尖突节点。
- **平滑节点**：单击该按钮，可将当前节点转换为平滑节点。
- **生成对称节点**：单击该按钮，可将当前节点转换为对称节点。

4.4　颜色滴管工具与属性滴管工具

在CorelDRAW X5中，滴管工具有两种：一种是颜色滴管工具，可在对象之间复制轮廓色和填充色；另一种是属性滴管工具，可在对象之间复制对象的属性，比如线条粗细、大小和效果等。

颜色滴管工具的使用

素材文件：光盘\素材\第4章\方与圆.cdr

操作步骤

1. 打开图形，如图4-48所示。
2. 单击工具箱中的【颜色滴管】工具，在正方形上单击鼠标，如图4-49所示。此时的属性栏如图4-50所示。

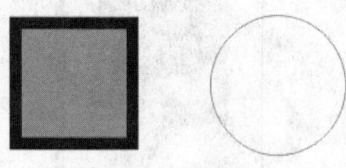

图4-48　打开图形

图4-49　在正方形上单击鼠标

3. 在页面中单击圆形，将正方形的填充复制到圆，如图4-51所示。

图4-50　属性栏

图4-51　复制轮廓颜色和填充色

> **提示**　利用属性滴管工具，除了可以在对象之间复制轮廓颜色和填充色之外，还可以在对象之间复制变换和效果，其操作方法类似，这里不再赘述。

4.5　上机实战

下面通过几个完整的实例制作，进一步熟悉和掌握轮廓与填充的操作技能与技巧。

4.5.1　制作钢笔

本实例为制作钢笔，效果如图4-52所示。

图4-52　钢笔

制作钢笔

最终效果：光盘\效果\第4章\钢笔.cdr

操作步骤

1. 单击【文件】→【新建】命令，新建空白页面。选择工具箱中的【矩形】工具，在页面中绘制图形，如图4-53所示。

图4-53　绘制图形

2 用工具箱中的选择工具选中矩形，从工具箱中选择【渐变填充】按钮，在弹出的【渐变填充】对话框中设置渐变效果，如图4-54所示。

3 单击【确定】按钮，填充矩形，效果如图4-55所示。

4 继续利用矩形工具在页面中绘制矩形，并填充渐变色，如图4-56所示。

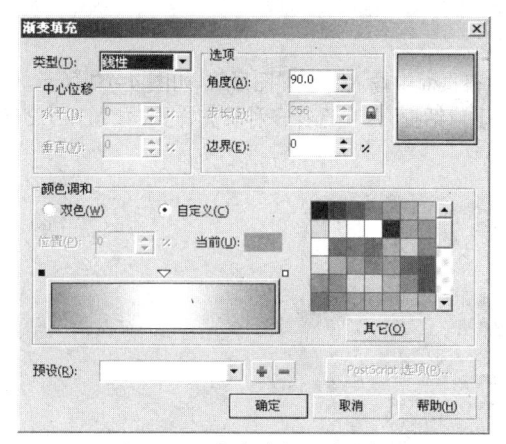

图4-54 【渐变填充】对话框

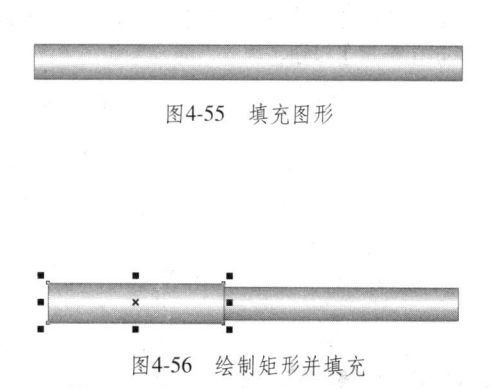

图4-55 填充图形

图4-56 绘制矩形并填充

5 选择工具箱中的【折线】工具，在页面中绘制两条直线，如图4-57所示。

6 选择工具箱中的【矩形】工具，在页面中绘制矩形，如图4-58所示。

7 从工具箱中选择【渐变填充】按钮，在弹出的【渐变填充】对话框中设置渐变效果，如图4-59所示。

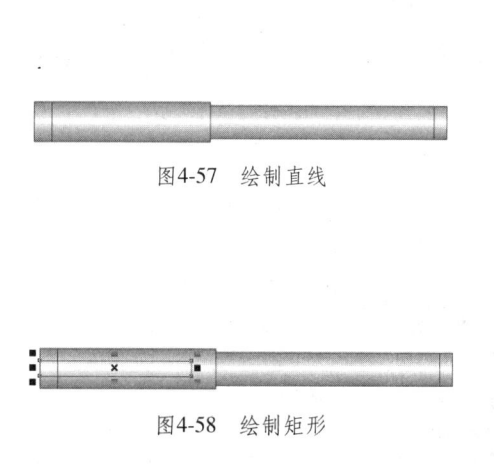

图4-57 绘制直线

图4-58 绘制矩形

图4-59 设置渐变

8 单击【确定】按钮，为矩形填充渐变色，最终的效果如图4-52所示。

4.5.2 制作填充字

本实例为制作填充字，效果如图4-60所示。

图4-60 填充字

制作填充字

最终效果：光盘\效果\第4章\填充字.cdr

操作步骤

1. 新建空白页面。单击工具箱中的【文本】工具按钮，在页面中输入文字"图形"，如图4-61所示。
2. 在工具箱中选择【底纹填充】按钮，弹出【底纹填充】对话框，从中选择一种填充样式，如图4-62所示。
3. 单击【确定】按钮，填充后的效果如图4-63所示。

图4-61 输入文字　　图4-62 【底纹填充】对话框　　图4-63 填充效果

4. 单击工具箱中的【交互式阴影工具】按钮，在图形上单击并拖拽，创建阴影效果，得到的效果如图4-60所示。

4.5.3 折扇

本实例为制作折扇，效果如图4-64所示。

图4-64 折扇

制作折扇

最终效果：光盘\效果\第4章\折扇.cdr

操作步骤

1. 单击【文件】→【新建】命令，新建一个空白页面。
2. 选择工具箱中的【椭圆形】工具，在页面中绘制椭圆，单击属性栏中的【饼形】按钮，在【起始和结束角度】数值框中分别输入35和145，得到的效果如图4-65所示。

3 选择图形，单击【编辑】→【复制】命令，复制图形，再单击【编辑】→【粘贴】命令，粘贴图形，按住【Shift】键的同时拖动控制点将复制得到的图形等比例缩小，如图4-66所示。

4 调整图形到合适的位置，如图4-67所示。

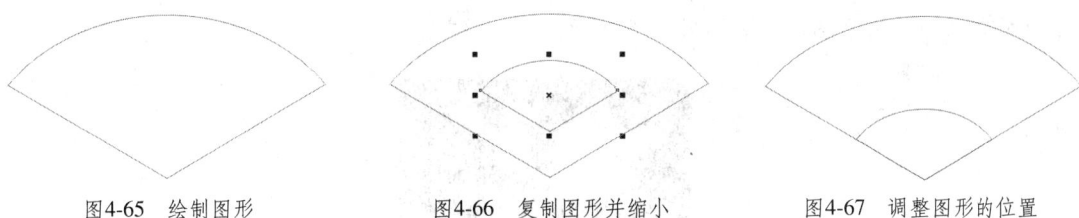

图4-65 绘制图形　　　　图4-66 复制图形并缩小　　　　图4-67 调整图形的位置

5 选择调整好的图形，单击【编辑】→【复制】命令，复制图形，再单击【编辑】→【粘贴】命令，粘贴图形，将图形等比例缩小并调整位置，如图4-68所示。

6 在属性栏中单击【垂直镜像】按钮，将图形翻转并调整到合适的位置，如图4-69所示。

7 再次粘贴图形，在【起始和结束角度】数值框中分别输入45和135，得到的效果如图4-70所示。

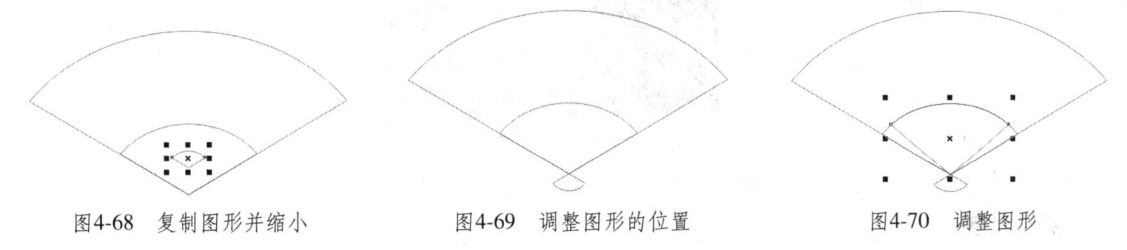

图4-68 复制图形并缩小　　　　图4-69 调整图形的位置　　　　图4-70 调整图形

8 参照步骤7的操作，在【起始和结束角度】数值框中输入不同的数值，得到的效果如图4-71所示。

9 选择图形中的一部分，在调色板中单击褐色色块进行填充，如图4-72所示。

10 重复步骤9的操作，对其余图形进行填充，如图4-73所示。

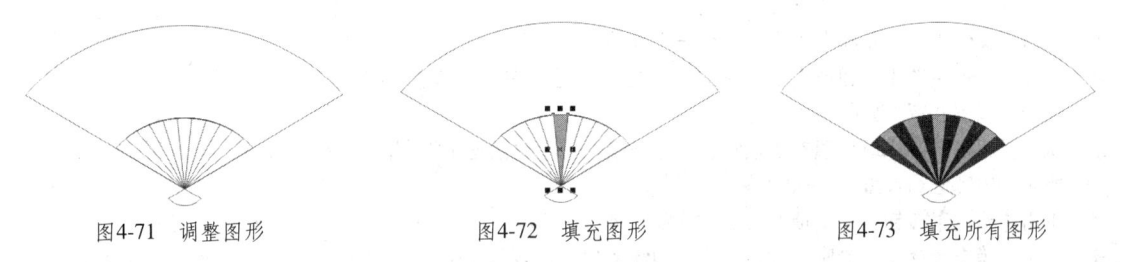

图4-71 调整图形　　　　图4-72 填充图形　　　　图4-73 填充所有图形

11 对位于最下面的扇形填充颜色，如图4-74所示。

12 在工具箱中选择【图样填充】按钮，弹出【图样填充】对话框，从中选择一种填充样式，如图4-75所示。

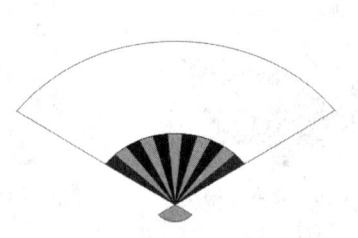

图4-74 填充位于下面的扇形　　　　图4-75 【图样填充】对话框

13 单击【确定】按钮，得到最终效果，如图4-64所示。至此，本实例制作完毕。

4.5.4 太空图

本实例为制作太空图，效果如图4-76所示。

图4-76 太空图

制作太空图

最终效果：光盘\效果\第4章\太空图.cdr

操作步骤

1 单击【文件】→【新建】命令，新建一个空白页面。

2 选择工具箱中的【椭圆形】工具按钮，按住【Ctrl】键的同时在页面中绘制正圆，如图4-77所示。

3 从工具箱中选择【渐变填充】按钮，在【渐变填充】对话框中按照图4-78所示的内容进行设置。

4 单击【确定】按钮，渐变填充后的效果如图4-79所示。

5 在工具箱中选择【无轮廓】按钮，去掉边缘的轮廓，效果如图4-80所示。

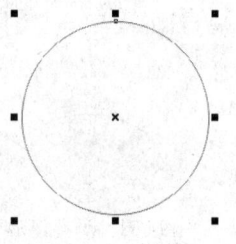

图4-77 绘制正圆

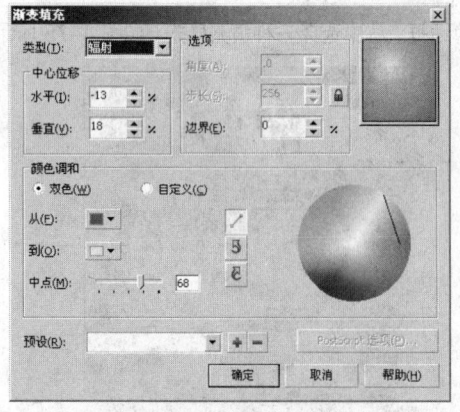

图4-78【渐变填充】对话框　　　图4-79 填充图形　　　图4-80 太阳效果

6 选择工具箱中的【钢笔】工具，在页面中绘制图形，作为太阳的火焰，如图4-81所示。

7 选中页面中钢笔绘制的图形，从工具箱中选择【渐变填充】按钮，弹出【渐变填充】对话框，按照图 4-82 所示的内容进行设置。

8 单击【确定】按钮，填充后的效果如图 4-83 所示。

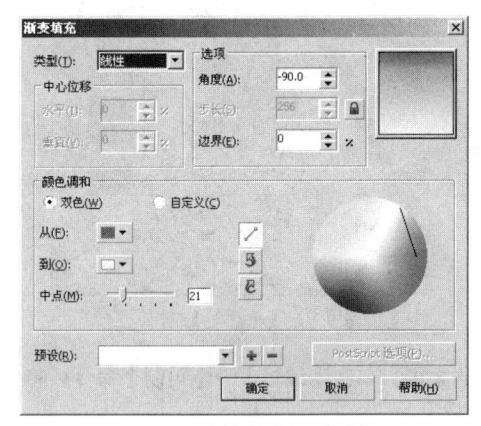

图4-81 绘制图形　　　　图4-82 【渐变填充】对话框　　　　图4-83 填充图形

9 从工具箱中选择【无轮廓】按钮，去掉边缘的轮廓，火焰效果如图 4-84 所示。

10 选中页面中的火焰，单击【编辑】→【再制】命令，复制火焰图形，效果如图 4-85 所示。

11 单击复制得到的火焰，然后对火焰进行旋转，并调整其位置，如图 4-86 所示。

图4-84 火焰效果　　　　图4-85 复制火焰　　　　图4-86 调整图形位置

12 按照步骤 10～步骤 11 的操作方法，得到太阳火焰效果，如图 4-87 所示。

13 选中页面中的全部火焰，单击【排列】→【群组】命令将这些火焰组合成一体，然后再调整其位置，如图 4-88 所示。

14 用鼠标右键单击火焰，在弹出的快捷菜单中选择【顺序】→【到页面后面】选项，使火焰位于太阳之后，如图 4-89 所示。

图4-87 太阳火焰效果　　　　图4-88 组合图形并调整位置　　　　图4-89 调整图形顺序

15 选择工具箱中的【椭圆形】工具，在页面中绘制正圆，如图 4-90 所示。

16 确保选中正圆，从工具箱中选择【轮廓笔】按钮，弹出【轮廓笔】对话框，在【颜色】下拉列表框中选择红色，在【宽度】下拉列表框中选择 1.5mm，在【样式】下拉列表框中选择一种线形，如图 4-91 所示。

17 单击【确定】按钮，改变轮廓后的效果如图 4-92 所示。

中文版CorelDRAW X5经典教程

图4-90 绘制正圆 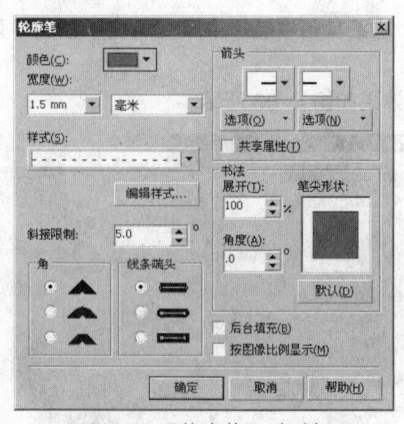　　　　　图4-91 【轮廓笔】对话框 　　　　　图4-92 轮廓效果

18 利用选择工具选择页面中的太阳，单击【编辑】→【再制】命令，将太阳复制多个，并调整其大小和位置，如图4-93所示。

19 按照如图4-94所示的情形，继续对图形进行完善。

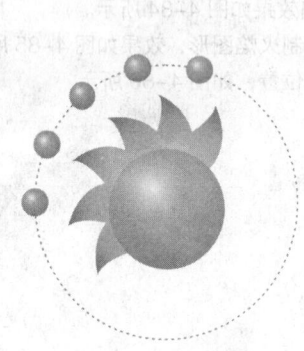

图4-93 复制太阳并调整位置 　　　　　图4-94 完善图形

20 单击【编辑】→【全选】→【对象】命令，选择页面中的全部图形，单击【排列】→【群组】命令，将图形组合在一起。然后调整图形在页面中的位置，如图4-95所示。

21 在工具箱中双击【矩形】工具，绘制一个与页面一样大小的矩形。

22 从工具箱中选择【底纹填充】按钮，在打开的【底纹填充】对话框的【底纹库】下拉列表框中，选择【样本5】选项，在【底纹列表】列表框中选择【行星】选项，如图4-96所示。

23 单击【确定】按钮，填充矩形后的效果如图4-97所示。

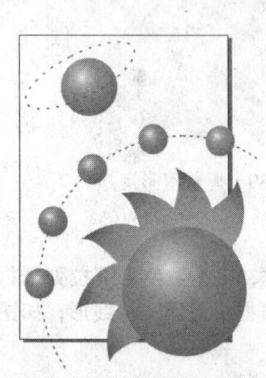

图4-95 组合图形并调整位置 　　　　　图4-96 【底纹填充】对话框 　　　　　图4-97 绘制矩形并填充

24 选中页面中的太阳图形，单击【效果】→【图框精确剪裁】→【放置在容器中】命令，然后单击页面中的矩形，如图4-98所示。

25 用鼠标右键单击页面中的图形，在弹出的快捷菜单中选择【编辑内容】选项，如图4-99所示。

26 利用选择工具调整图形在页面中的位置，如图4-100所示。

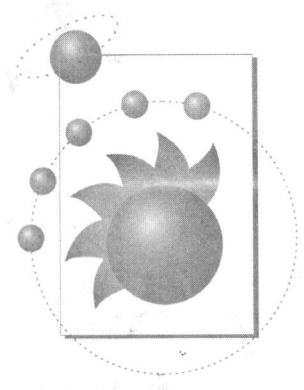

图4-98 放置在容器中　　图4-99 编辑内容　　图4-100 调整图形的位置

27 用鼠标右键单击页面中的图形，在弹出的快捷菜单中选择【结束编辑】选项，得到最终效果，如图4-76所示。

4.5.5 小屋

本实例为制作小屋，效果如图4-101所示。

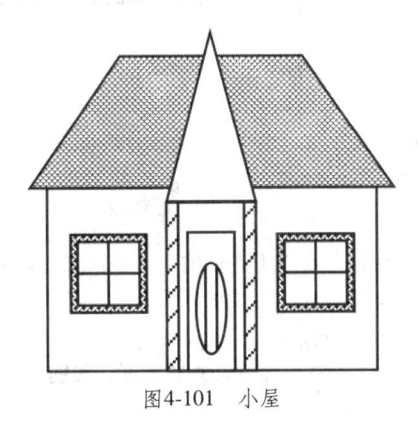

图4-101 小屋

制作小屋

最终效果：光盘\效果\第4章\小屋.cdr

操作步骤

1 单击【文件】→【新建】命令，新建一个空白页面，并设置页面为横向。

2 选择工具箱中的基本形状工具，在属性栏中单击【完美形状】按钮，从弹出的下拉面板中选择梯形样式，如图4-102所示。

3 在属性栏的【轮廓宽度】下拉列表框中选择1.5mm，然后在页面中拖动鼠标绘制图形，如图4-103所示。

4 从工具箱中选择【PostScript填充】按钮，弹出【PostScript底纹】对话框，如图4-104所示。

图4-102 选择梯形样式

图4-103 绘制图形

图4-104 【PostScript底纹】对话框

5. 在【PostScript 底纹】对话框中选择【鱼鳞】选项，单击【确定】按钮，填充后的图形效果如图4–105所示。
6. 在工具箱中选择【矩形】工具，在属性栏中的【轮廓宽度】下拉列表框中选择1.5mm。
7. 在页面中拖动鼠标绘制矩形，如图4–106所示。
8. 单击【编辑】→【全选】→【对象】命令，选中页面中的所有图形。单击【排列】→【群组】命令，将所有图形组合在一起。
9. 选择工具箱中的【矩形】工具，在属性栏中的【选择轮廓宽度或键入新宽度】下拉列表框中选择1.5mm，在页面中绘制矩形，如图4–107所示。

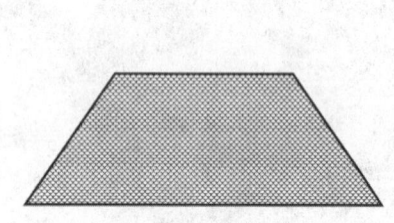

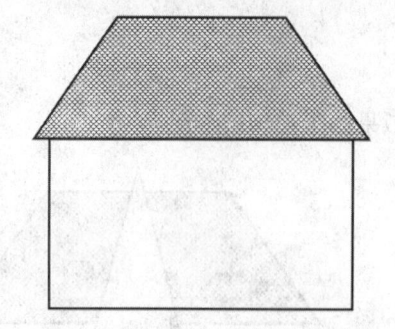

图4-105 填充图形   图4-106 绘制矩形（一）   图4-107 绘制矩形（二）

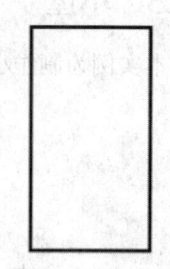

10. 在工具箱中选择【图样填充】按钮，弹出【图样填充】对话框，单击【图案样式】下拉按钮，在弹出的下拉列表中选择一种合适的样式，如图4–108所示。
11. 单击【确定】按钮，效果如图4–109所示。
12. 确保选中矩形，单击【编辑】→【再制】命令，复制图形，如图4–110所示。

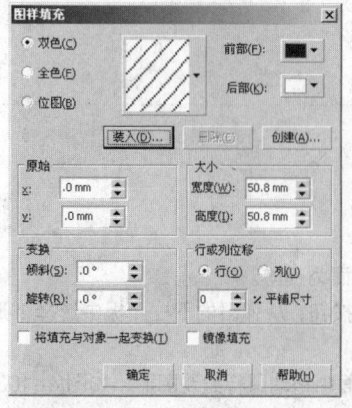

图4-108 【图样填充】对话框   图4-109 图样填充效果   图4-110 复制图形

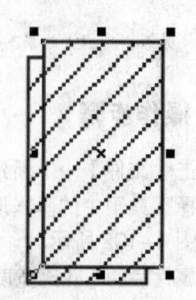

第4章 图形的轮廓与填充

13. 选中复制的图形，在调色板中单击白色色块，对图形进行填充，如图 4-111 所示。
14. 利用选择工具对矩形进行调整，并移动到合适的位置，得到的效果如图 4-112 所示。
15. 选择调整后的矩形，单击【编辑】→【再制】命令，复制图形，如图 4-113 所示。
16. 利用选择工具对复制的图形进行等比例缩小，并移动到合适的位置，效果如图 4-114 所示。

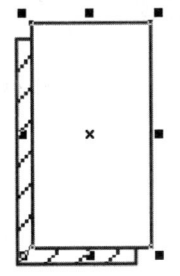

图4-111 填充图形 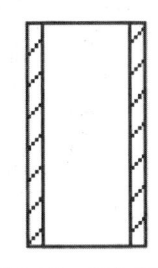　　图4-112 调整矩形 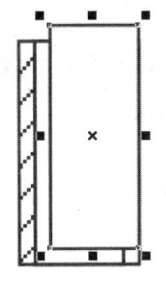　　图4-113 复制图形 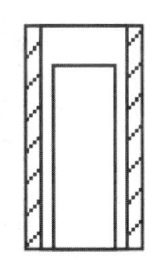　　图4-114 调整图形

17. 选择工具箱中的【椭圆形】工具，在属性栏中的【选择轮廓宽度或键入新宽度】下拉列表框中选择 1.5mm，在页面中绘制椭圆，如图 4-115 所示。
18. 在工具箱中选择【图样填充】按钮，弹出【图样填充】对话框，如图 4-116 所示。

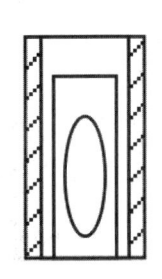

图4-115 绘制椭圆 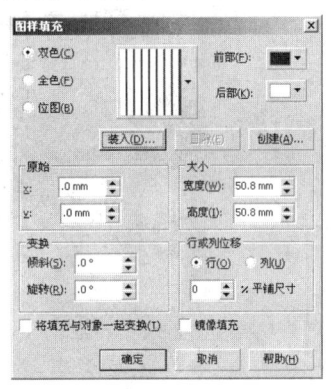　　图4-116 【图样填充】对话框

19. 单击【图案样式】下拉按钮，在弹出的下拉列表中选择一种合适的样式，单击【确定】按钮，效果如图 4-117 所示。
20. 将步骤 19 中的图形全部选中，单击【排列】→【群组】命令，将所有图形组合在一起，然后调整到合适的位置，如图 4-118 所示。

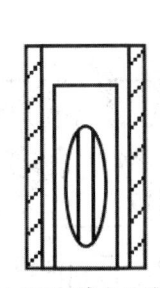

图4-117 填充后的效果 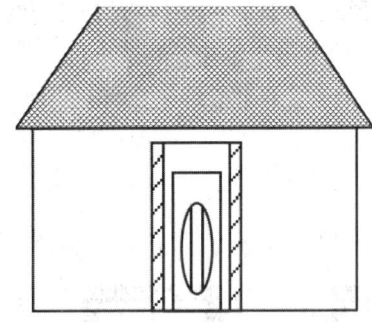　　图4-118 调整图形的位置

21. 选择工具箱中的【流程图形状】工具，在属性栏中单击【完美形状】按钮，从弹出的下拉面板中选择三角形的样式（图 4-119），在【轮廓宽度】下拉列表框中选择 1.5mm。
22. 在页面中拖拽鼠标绘制三角形，如图 4-120 所示。

81

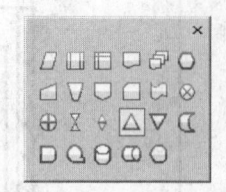

图4-119 选择三角形的样式　　　　图4-120 绘制三角形

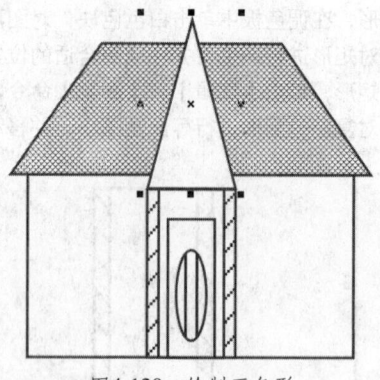

23 选择工具箱中的【矩形】工具,在属性栏的【轮廓宽度】下拉列表框中选择1.5mm,在页面中绘制矩形,如图4-121所示。
24 从工具箱中选择【PostScript填充】按钮,弹出【PostScript底纹】对话框,如图4-122所示。
25 选择【篮编织】选项,单击【确定】按钮,填充后的图形效果如图4-123所示。

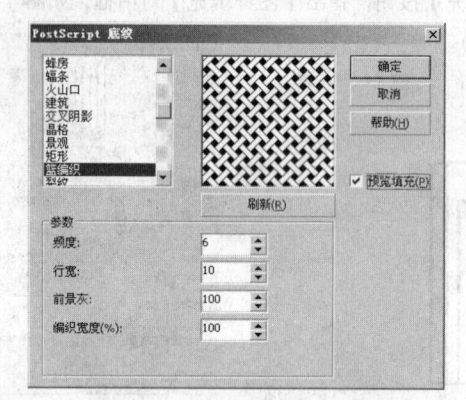

图4-121 绘制矩形　　　图4-122 【PostScript底纹】对话框　　　图4-123 填充图形

26 选择工具箱中的【图纸】工具,在属性栏的【列数和行数】数值框中各输入2。
27 从工具箱中选择【轮廓笔】按钮,在弹出【轮廓笔】对话框的【宽度】下拉列表框中选择1.5mm。在页面中进行绘制,如图4-124所示。
28 在调色板中单击白色色块,对图形填充白色,效果如图4-125所示。
29 将步骤28中的图形全部选中,单击【排列】→【群组】命令,将图形组合在一起,然后调整到合适的位置,如图4-126所示。

图4-124 绘制图形　　　图4-125 填充图形　　　图4-126 调整图形的位置

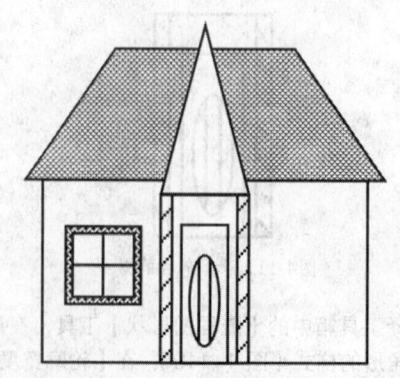

30 单击窗户并拖拽，然后单击鼠标右键复制窗户，并调整到合适的位置，得到最终效果，如图 4-101 所示。至此，本实例制作完毕。

4.6 本章小结

在 CorelDRAW X5 中，为对象填充颜色，改变线条和轮廓的颜色，这些都是做平面设计的重要内容。填充的对象包括符号、文字以及使用绘图工具绘制的图形等。填充在对象内部的既可以是单色、渐变，也可以是图案、底纹，甚至可以是很特别的 PostScript 底纹，这些填充方法都很直观，很简捷。

4.7 习题

1. 填空题

（1）在 CorelDRAW X5 中，所谓轮廓是指_____。线条图形既可以是_____的，也可以是_____的。

（2）在 CorelDRAW X5 中，可以更改轮廓的外观，包括：_____、_____、_____、_____和_____。

2. 问答题

（1）对轮廓应用了样式以后，是否可以对样式进行编辑？
（2）PostScript 填充有什么特点？
（3）交互式网状填充有什么特点？

3. 上机题

（1）上机绘制图形，然后对图形的轮廓、宽度和样式进行修改。
（2）上机绘制图形，然后对图形应用各种填充效果。
（3）上机绘制图形，然后对图形使用交互式填充。

第5章　图形的编辑

内容提要

在绘图过程中，经常需要对图形进行编辑处理。本章介绍了CorelDRAW强大的图形编辑功能，主要包括图形的基本编辑、变换、管理、为图像对象造形以及表格的处理等。

5.1 图形的基本编辑

图形的基本编辑包括图形的选择、移动、复制、粘贴、删除等。

5.1.1 选择图形

在改变任何对象之前，都必须将其选定。工具箱中的选择工具是最常用的，通常用来从页面中选择需要进行编辑处理的图形。

选择图形

所用素材：光盘\素材\第5章\贝壳.cdr

1. 打开一幅图形文件，如图5-1所示。
2. 选择工具箱中的【选择工具】按钮，在页面中单击图形，在图形对象周围将出现一些黑色的控制点，表示它已被选中，如图5-2所示。

图5-1　打开图形 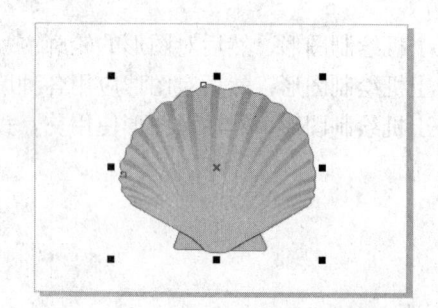　　　　　　图5-2　选择图形

> **技巧**　如果要选择多个图形，可拖动鼠标框选定选取的图形，如图5-3所示。如果不小心框选了不需要的图形，可以在按下【Shift】键的同时单击不想选择的图形，从而取消对它的选择。
>
> 　　如果要从群组中选择一个图形，在按下【Ctrl】键的同时，单击要选取的图形即可选中，此时该对象的控制柄是圆点，而不是方点，说明该对象是群组对象，如图5-4所示。

图5-3　选择多个图形　　　　　　　图5-4　选择群组图形

5.1.2 移动图形

移动图形的主要方法是利用工具箱中的选择工具。

移动图形

操作步骤

1. 选择工具箱中的【选择工具】。
2. 在页面中单击图形,按住鼠标左键不放并拖拽,如图5-5所示,移到新的位置后松开鼠标,如图5-6所示。

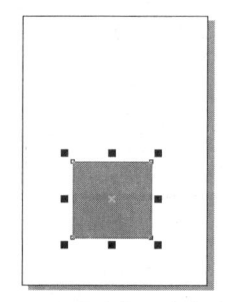

图5-5　移动图形　　　　　　　图5-6　移动位置后的图形

> **技巧**　利用拖动的方法来移动图形比较方便,但若想将对象稍微拖动一段很小的距离,就比较困难了。此时可以使用键盘上的箭头键来微调图形的位置。

5.1.3 复制和粘贴图形

复制图形也就是将所选图形放到剪贴板上,当复制图形之后,往往需要把该图形粘贴在绘图窗口内,粘贴就是将剪贴板上的图形再放到绘图窗口中。

复制和粘贴图形

操作步骤

1. 选择要复制的图形。
2. 单击【编辑】→【复制】命令。

3 单击【编辑】→【粘贴】命令，即可将剪贴板上的图形粘贴到当前的绘图窗口中。

> **提示** 在工具栏单击【复制】按钮，也可完成复制操作。
> 在工具栏单击【粘贴】按钮，也可完成粘贴操作。

5.1.4 再制图形

在CorelDRAW中，除了复制图形之外，还可以再制图形。复制和再制的区别在于：复制时，图形将复制到剪贴板中；再制图形时，图形副本直接放置到绘图窗口中，而不放置到剪贴板中。

再制图形

操作步骤

1 选择需要再制的图形，如图5-7所示。
2 单击【编辑】→【再制】命令，即可再制图形，如图5-8所示。

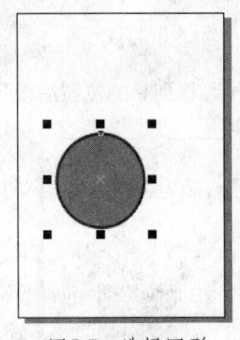

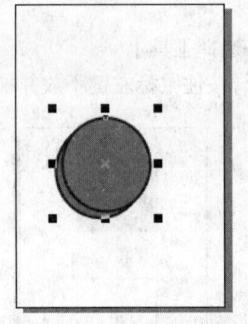

图5-7 选择图形　　图5-8 再制后的图形

> **提示** 再制图形之后，所再制的图形往往不在原图形的位置，而是和原图形有一定的距离。如果对所再制的图形继续再制的话，它们之间的距离是一样的，如图5-9所示。
> 如果将第一次再制后的图形朝某一个方向进行移动，然后再单击【编辑】→【再制】命令，则图形将按同样的间距和方向再制一份，如图5-10所示。

图5-9 连续再制图形　　图5-10 按同样的间距和方向再制图形

> **技巧** 连续再制图形不仅可以保持对象的间距一致，还可以保持缩放的比例不变。如果将第一次再制后的图形放大了 20%，对放大的图形进行再制，第三个仍然会比第二个放大 20%，对第三个图形进行再制，第四个图形比第三个图形还会再放大 20%。这些图形会在同一条直线上，中心的间距不变，并且逐个放大的比例也保持不变，如图 5-11 所示。

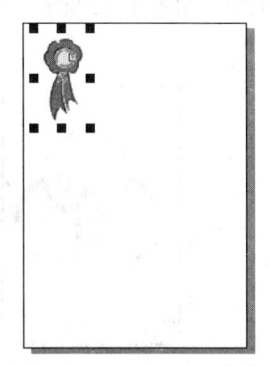

图5-11 连续再制并放大图形

5.1.5 剪切图形

剪切图形就是将所选图形从绘图窗口中删除，同时把它放在剪贴板上。

剪切图形

操作步骤

1. 选择需要剪切的图形。
2. 单击【编辑】→【剪切】命令，即可剪切图形。

5.1.6 删除图形

对于不需要的图形，可将其从页面中删除。

删除图形

操作步骤

1. 选择需要进行删除的图形。
2. 单击【编辑】→【删除】命令即可。

> **提示** 选择图形后，也可以单击【Delete】键删除图形。

5.1.7 使用虚拟段删除工具

利用虚拟段删除工具可以比较方便地删除一些无用的线条。对于曲线和矩形、椭圆等矢量对象，

中文版CoreIDRAW X5经典教程

使用虚拟段删除工具既可以删除整个对象，也可以删除其中的一部分。

使用虚拟段删除工具

操作步骤

1. 选择工具箱中的虚拟段删除工具。
2. 对准需要删除的线段，此时鼠标指针变成竖立的刀形状，如图5-12所示，单击鼠标，线段就被删除了，如图5-13所示。

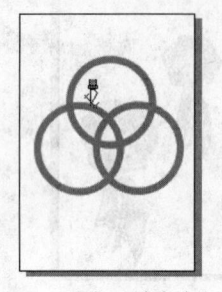

图5-12 对准要删除的线段　　　　图5-13 删除线段

5.2 图形的变换

在CorelDRAW X5中，除了可以利用选择工具变换图形外，还可以利用泊坞窗变换图形。

5.2.1 利用选择工具变换图形

工具箱中的选择工具是最常用的工具，通常用来从页面中选择需要进行编辑处理的图形。除此之外，利用选择工具还可以移动图形，对图形进行变换操作，比如缩放、旋转、倾斜等。

利用选择工具变换图形

所用素材：光盘\素材\第5章\手.cdr

操作步骤

1. 选择页面中的图形。
2. 将鼠标移至黑色的控制点上，单击鼠标不放并拖拽，可对图形进行缩放操作，如图5-14所示。

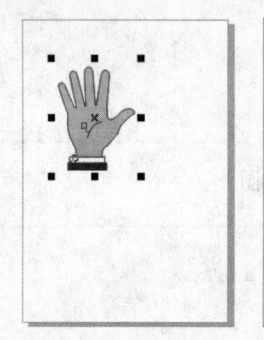

图5-14 缩放图形

> **技巧** 在缩放过程中若单击【Shift】键,可成比例地缩放图形。

3 当图形处于选中状态时,单击图形,在图形的周围将出现旋转/倾斜控制点,如图5-15(a)所示。其中,4个角上的控制点用于旋转操作,4条边上的控制点用于倾斜操作。将鼠标移至这些控制点上,按住鼠标不放并拖拽,可对图形进行旋转或倾斜操作,如图5-15(b)、图5-15(c)所示。再次单击图形,可退出旋转/倾斜状态。

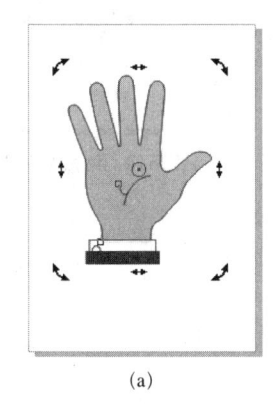

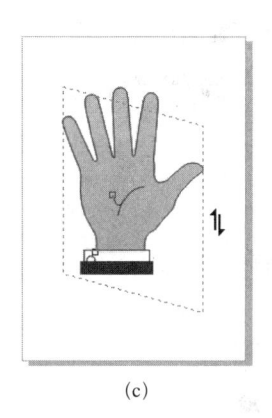

(a)　　　　　　　　　(b)　　　　　　　　　(c)

图5-15　旋转/倾斜操作

> **提示** 默认情况下,以图形的中心点为旋转中心。如有需要,可调整旋转中心的位置。

5.2.2 利用泊坞窗变换图形

当要对图形的大小进行细微的变换调整时,可以通过属性栏或者相应的泊坞窗来完成。

1. 缩放图形

缩放图形

所用素材:光盘\素材\第5章\奖杯.cdr

操作步骤

1 选择需要缩放的图形,如图5-16所示。
2 单击【窗口】→【泊坞窗】→【变换】→【比例】命令,弹出【转换】泊坞窗,如图5-17所示。
3 在【缩放】选项组中设置缩放的比例。

选项说明

- 【水平】和【垂直】文本框:指定要水平缩放和垂直缩放对象的百分比。
- 【按比例】选项区:如果要保持纵横比,则取消选中【按比例】复选框。如果要改变对象的锚点,可选择锚点对应的复选框。

4 单击【应用】按钮,所选对象将按照设置的参数进行缩放,如图5-18所示。

中文版CoreIDRAW X5经典教程

图5-16 选择图形 　　图5-17 【转换】泊坞窗 　　图5-18 缩放后的图形

2. 镜像图形

镜像图形

操作步骤

1 选择需要镜像的图形，如图5-19所示。
2 在【转换】泊坞窗中单击【水平镜像】或【垂直镜像】按钮，如图5-20所示。
3 单击【应用】按钮，所选图形将按照设置的参数进行镜像，如图5-21、图5-22所示。

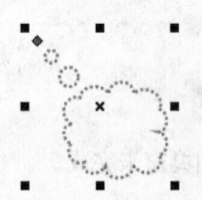

图5-19 选择图形 　　图5-20 单击某个镜像按钮 　　图5-21 水平镜像 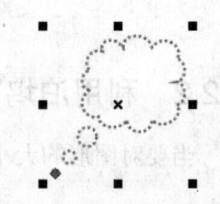　　图5-22 垂直镜像

3. 旋转图形

旋转图形就是指使图形绕旋转中心转动，从而重新定位和定向。利用【转换】泊坞窗，不但可以指定横坐标和纵坐标旋转对象，而且可以将旋转中心移至特定的标尺坐标或与图形的位置相对应的点上。

旋转图形

操作步骤

1 选择需要旋转的图形，如图5-23所示。
2 单击【转换】泊坞窗中的【旋转】按钮，如图5-24所示。
3 在【旋转】选项区中设置旋转的参数。

选项说明

- 【角度】文本框：指定要旋转的角度。

- 【中心】选项区：设置【水平】或【垂直】的中心。
- 【相对中心】复选框：可设置旋转中心点位置。

4 设置完成后，单击【应用】按钮，旋转图形，如图5-25所示。还可以在【副本】文本框中输入数值，旋转并复制选中的图形。

图5-23　选择图形　　　　图5-24　单击【旋转】按钮　　　　图5-25　旋转后的图形

4. 倾斜图形

利用【转换】泊坞窗，不但可以指定倾斜图形的水平和垂直的度数，而且可以设置使用锚点的位置。

倾斜图形

操作步骤

1 选择需要倾斜的图形，如图5-26所示。
2 单击【转换】泊坞窗中的【倾斜】按钮，如图5-27所示。
3 在【倾斜】选项区中设置倾斜的度数。

选项说明

- 【水平】和【垂直】文本框：设置水平或垂直方向倾斜的度数。
- 【使用锚点】复选框：选择该复选框后，可指定锚点的位置。

4 设置完成后，单击【应用】按钮，倾斜图形，如图5-28所示。还可以在【副本】文本框中输入数值，倾斜并复制选中的图形。

图5-26　选择图形　　　　图5-27　单击【倾斜】按钮　　　　图5-28　倾斜后的图形

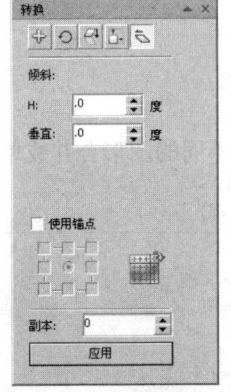

5.2.3 利用自由变换工具变换图形

选择工具箱中的【自由变换工具】,其属性栏如图5-29所示。其中包括4个变形工具,分别为自由旋转工具、自由角度镜像工具、自由调节工具和自由扭曲工具。利用这些工具可以对选中的图形进行灵活变形,具体操作方法这里不再赘述。

图5-29 【自由变换工具】属性栏

5.3 对象的管理

对象的管理包括组合对象、合并对象、调整对象的前后顺序、锁定对象等操作。

5.3.1 组合对象与取消组合

为了实现图形的整体移动、删除、编辑、复制等操作,可以根据需要给对象编组,即群组图形。

组合对象与取消组合

操作步骤

(1) 组合对象

1. 利用选择工具选中要组合的多个图形。
2. 单击【排列】→【群组】命令,即可将所有选中的图形组合在一起。也可以在属性栏上单击【群组】按钮,将对象组合在一起。

取消组合就是将群组在一起的对象分开。

(2) 取消组合

3. 选中群组的图形。
4. 单击【排列】→【取消群组】命令,即可取消图形的组合。也可以在属性栏上单击【取消群组】按钮,取消图形的组合。

5.3.2 合并对象与取消合并

在CorelDRAW中,可以将一些不同的图形合并成单一的个体,同时保留原先各图形的轮廓。

合并对象与取消合并

操作步骤

(1) 合并对象

1. 在页面中绘制多个图形,如图5-30所示。

2. 如果使用的是框选方式选中页面中全部的图形，然后单击【排列】→【合并】命令，得到的图形将会保留位于最下层的图形的填充颜色和轮廓，如图5-31所示。这里位于最下层的图形是矩形。
3. 如果按下【Shift】键，依次单击页面中的图形，然后单击【排列】→【合并】命令，得到的图形将会保留最后选取的图形的填充颜色和轮廓，如图5-32所示。这里最后选取的图形是星形。

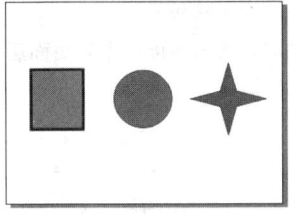

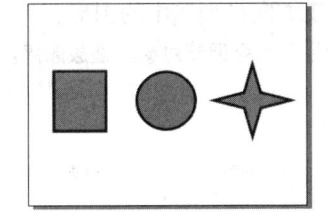

图5-30　绘制多个图形　　　　图5-31　框选合并　　　　图5-32　逐一选择图形

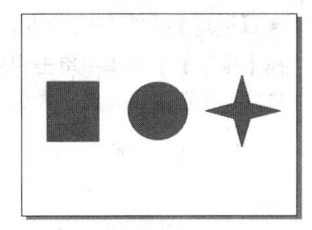

4. 如果页面中各个图形之间有重叠的部分[图5-33（a）]，那么合并图形之后，重叠部分将镂空，如图5-33（b）所示。

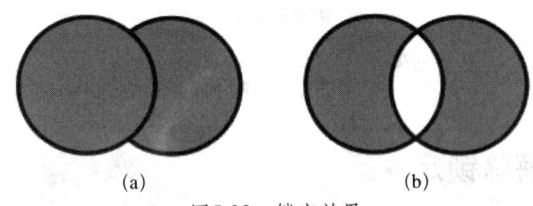

（a）　　　　（b）
图5-33　镂空效果

> 提示　拆分的作用跟合并恰好相反，拆分主要用来将合并在一起的图形拆开。

（2）取消合并对象

5. 选择合并在一起的图形。
6. 单击【排列】→【拆分曲线】命令，即可将合并在一起的图形拆开。也可以单击属性栏中的【拆分】按钮，将对象拆分。

5.3.3 调整对象的顺序

当页面中有多个图形叠放在一起时，根据需要可以改变图形对象的叠放顺序。

调整对象的顺序

操作步骤

1. 选择要调整顺序的对象，如图5-34所示。
2. 单击【排列】→【顺序】命令，将弹出【顺序】子菜单，如图5-35所示。

选项说明

- 【到页面前面】：单击该命令，可将选中的图形置于页面中所有图形的最前面。
- 【到页面后面】：单击该命令，可将选中的图形置于页面中所有图形的最后面。
- 【向前一层】：单击该命令，可将选中的图形置于它后面的一个图形之前。

- 【向后一层】：单击该命令，可将选中的图形置于它后面的一个图形之后。
- 【置于此对象前】：单击该命令后，鼠标变成黑色箭头，把箭头移动到指定的图形上单击时，即可将选中的图形置于指定的图形前面。
- 【置于此对象后】：单击该命令，可将选中的图形置于指定的图形之后。
- 【逆序】：单击该命令，可以反方向排列选中的图形。

3 在【顺序】子菜单中单击相应的命令，即可调整对象的叠放顺序。如图 5-36 所示为单击【到页面后面】命令，所选对象将置于最后面。

图5-34 选择图形 　　　图5-35 【顺序】子菜单 　　　图5-36 将所选图形置于最后面

5.3.4 锁定对象与解除锁定

为了保护页面中的图形不被误操作，可将其锁定。

锁定对象与解除锁定

操作步骤

（1）锁定对象

1 选择需要锁定的对象，如图 5-37 所示。

2 单击【排列】→【锁定对象】命令，即可将图形锁定。锁定后的对象周围的控制柄会由实心方块变成锁的形状，表明所选对象被锁定，如图 5-38 所示。

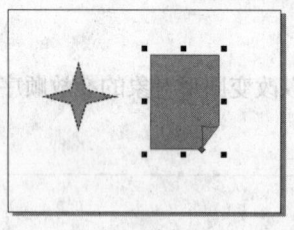

图5-37 选择对象 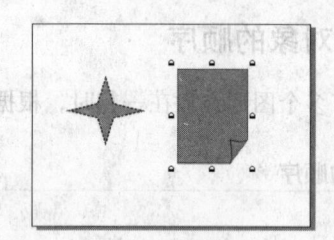　　　图5-38 锁定对象

（2）解除锁定。当对象不再需要锁定时，可以将其解除锁定状态。

3 选择被锁定的对象。

4 单击【排列】→【解除锁定对象】命令，即可解除对象的锁定。

> **提示** 也可以在被锁定的对象上面单击鼠标右键，从快捷菜单中选择【解除锁定对象】命令。

5.3.5 对齐和分布对象

使用 CorelDRAW X5 的对齐和分布功能，可以使对象在水平或垂直方向上快速对齐和分布。单击【排列】→【对齐与分布】命令，将打开【对齐与分布】子菜单，如图 5-39 所示。

图5-39 【对齐与分布】子菜单

对齐和分布对象

操作步骤

（1）对齐对象

1. 如果要将 3 个对象以最左边的对象为准垂直对齐，首先选择右边的两个对象。按下【Shift】键的同时单击最左边的对象，如图 5-40 所示。
2. 单击【排列】→【对齐和分布】→【左对齐】命令，所选的 3 个对象就会以最左边的对象为准垂直对齐，如图 5-41 所示。

> **提示** 单击【对齐与分布】命令，弹出【对齐与分布】对话框，在【对齐】选项卡中可以设置所选对象与页面中心或者页面边缘对齐，如图 5-42 所示。

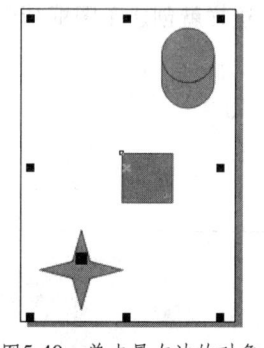

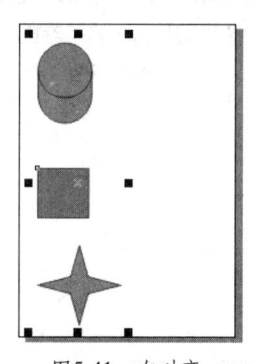

图5-40 单击最左边的对象　　图5-41 左对齐　　图5-42 【对齐与分布】对话框

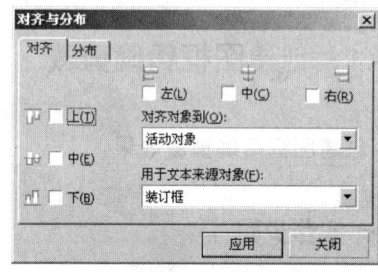

（2）分布对象

3. 选择需要进行分布的对象，如图 5-43 所示。
4. 单击【排列】→【对齐与分布】→【对齐和分布】命令，单击【分布】选项卡，如图 5-44 所示。

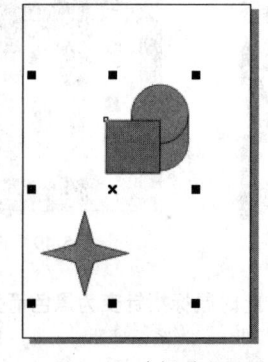

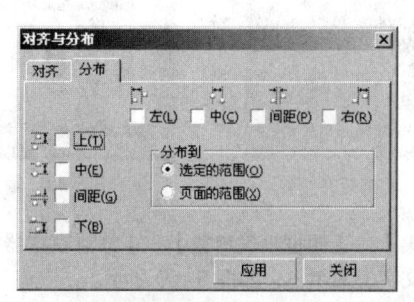

图5-43 选择对象　　图5-44 【分布】选项卡

95

5 在【分布到】选项区中选择【页面的范围】单选按钮,在横排的 4 个复选框中选择【间距】复选框,以使所选对象的水平间距相等。在竖排的 4 个复选框中选择【间距】复选框,以使所选对象的垂直间距相等,如图 5-45 所示。

6 单击【应用】按钮,所选对象将按照要求等距离分布在页面范围之内,如图 5-46 所示。

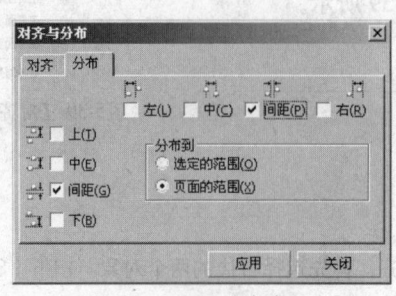

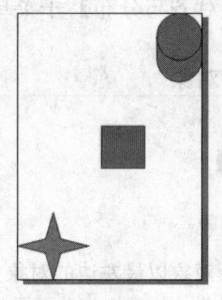

图5-45　设置分布选项　　　　　图5-46　等距离分布图形

5.4 图框精确剪裁

在 CorelDRAW X5 中,可以把一个封闭的对象视作"容器",CorelDRAW X5 允许在其他对象或容器内放置矢量对象和位图。容器可以是任何对象,例如,美术字或矩形。将对象放到比该容器大的容器中时,对象(也称为内容)就会被裁剪以适合容器的形状,这样就创建了图框精确剪裁对象。

5.4.1 创建图框精确剪裁

创建图框精确剪裁效果

操作步骤

1 新建一个文件,双击工具箱中的矩形工具,创建一个和页面一样大小的矩形。

2 从工具箱中选择【图样填充】按钮,从中选择一种图样填充矩形。如图 5-47 所示。

3 选择工具箱中的【文本】工具,在页面中输入文字,并设置填充和轮廓,如图 5-48 所示。这里将矩形作为内容,文字作为容器。

4 利用选择工具选择矩形,如图 5-49 所示。

图5-47　填充矩形　　　　　图5-48　输入文字　　　　　图5-49　选择图片

5 单击【效果】→【图框精确剪裁】→【放置在容器中】命令,此时鼠标指针变为黑色箭头形状,在要作为容器的文字上面单击,如图 5-50 所示。

6 此时选中的内容将置于容器中,使内容与容器成为一个整体,如图 5-51 所示。

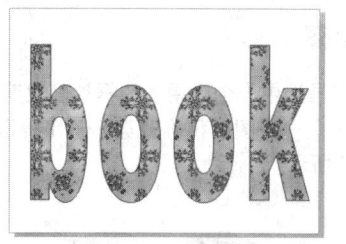

图5-50　单击文字　　　　　　　　　　　图5-51　将图片置于容器中

5.4.2　编辑内容

创建图框精确剪裁对象后，还可以编辑容器中的内容。

编辑容器中的内容

操作步骤

1 选择已经创建了图框精确剪裁的对象，如图5-52所示。

2 单击【效果】→【图框精确剪裁】→【编辑内容】命令，此时整个图像会全部显示出来，说明进入了编辑状态，如图5-53所示。

图5-52　选择对象　　　　　　　　　　　图5-53　进入编辑状态

3 此时可以对容器中的内容进行编辑，比如移动、缩放等，如图5-54所示。

4 编辑完成后，单击【效果】→【图框精确剪裁】→【结束编辑】命令，被编辑后的效果如图5-55所示。

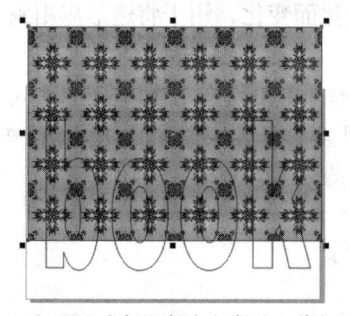

图5-54　对容器中的内容进行编辑　　　　　图5-55　编辑后的效果

5.4.3　提取内容

对于已经应用图框精确剪裁的对象，可以将其提取出来。

提取容器中的内容

所用素材：光盘\素材\第5章\提取内容.cdr

操作步骤

1. 利用选择工具选中一个应用了图框精确裁剪的对象，如图5-56所示。
2. 单击【效果】→【图框精确裁剪】→【提取内容】命令，即可将内容从图框精确裁剪容器中提取出来，如图5-57所示。

图5-56 选择对象　　　　　图5-57 提取内容

5.5 造形

在CorelDRAW X5中，可对图形进行造形处理，包括焊接、修剪、相交、简化、移除后面对象、移除前面对象等。造形处理主要是通过【造形】泊坞窗来进行的，如图5-58所示。

选项说明

- 【造形】下拉列表框：该下拉列表框用于选择造形方式，如图5-59所示。
- 【修剪】预览窗口：用于预览所选造形的效果。
- 【保留原件】选项区：选择【来源对象】复选框，则保留原对象；选择【目标对象】复选框，则保留目标对象；同时选择两个复选框，则既保留原对象，也保留目标对象。
- 【修剪】按钮：该按钮的名称随着造形方式的变化而变化，用于将造形应用到所选对象上。

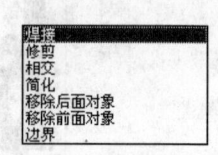

图5-58 【造形】泊坞窗　　图5-59 选择造形方式

> **提示** 对图形进行造形处理，除了可利用【造形】泊坞窗之外，也可以利用【排列】→【造形】子菜单，如图5-60所示。还可以利用属性栏中的各种造型按钮，如图5-61所示。

图5-60 造形命令　　　　　图5-61 造形按钮

5.5.1 焊接

所谓焊接，顾名思义，就是将两个或两个以上的对象连接起来，从而创建出具有单一轮廓的对象。新对象使用焊接对象的边界作为它的轮廓，并采用目标对象的填充和轮廓属性，所有交叉线都消失。

焊接多个对象

操作步骤

1. 选择页面中左边的对象，如图 5-62 所示。
2. 在【造形】泊坞窗中选择【焊接】选项，然后单击【焊接到】按钮，如图 5-63 所示。
3. 在页面中单击右边的对象，如图 5-64 所示，两个对象即被焊接在一起，如图 5-65 所示。

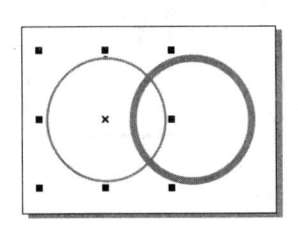

图5-62 选择对象 　　图5-63 设置选项 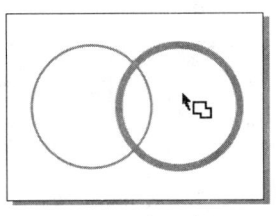　　图5-64 单击对象 　　图5-65 焊接对象

5.5.2 修剪

所谓修剪，是指通过移除重叠的对象区域来创建形状不规则的对象。除了段落文本之外，几乎可以修剪任何对象。修剪对象前，必须决定要修剪哪一个对象（目标对象）以及用哪一个对象执行修剪（源对象）。

修剪指定的对象

操作步骤

1. 选择页面中左边的对象，如图 5-66 所示。
2. 在【造形】泊坞窗中选择【修剪】选项，选择【来源对象】复选框，然后单击【修剪】按钮，如图 5-67 所示。
3. 在页面中单击右边的对象，如图 5-68 所示，修剪后的效果如图 5-69 所示。

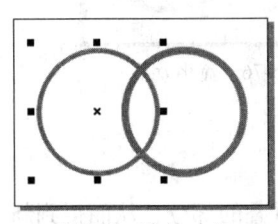

图5-66 选择对象 　　图5-67 设置选项 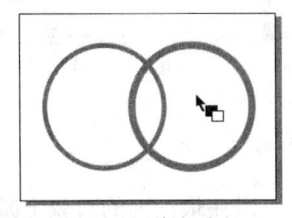　　图5-68 单击对象 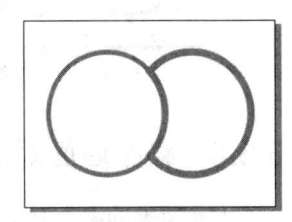　　图5-69 修剪对象

5.5.3 相交

所谓相交，是指从两个或多个对象重叠的区域创建对象。这个新对象的形状可以是简单的，也可以是复杂的，具体依交叉的形状而定。新对象的填充和轮廓属性取决于定义为目标对象的那个对象。

99

对象的相交

操作步骤

1. 选择页面中左边的对象，如图5-70所示。
2. 在【造形】泊坞窗中选择【相交】选项，单击【相交】按钮，如图5-71所示。
3. 在页面中单击右边的对象，如图5-72所示，相交后的效果如图5-73所示。

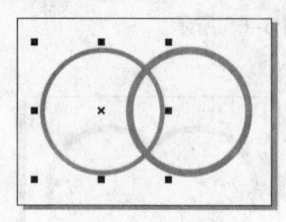

图5-70 选择对象 　　图5-71 设置选项 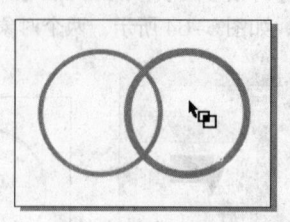　　图5-72 单击对象 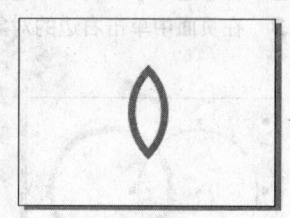　　图5-73 相交对象

5.5.4 简化

如果两个或者多个对象之间有重叠的区域，可以利用【简化】选项将重叠的区域修剪掉，从而得到新的形状。

对象的简化

操作步骤

1. 选中将要进行简化的两个对象，如图5-74所示。
2. 在【造形】泊坞窗中选择【简化】选项，单击【应用】按钮，如图5-75所示。简化后的效果如图5-76所示。

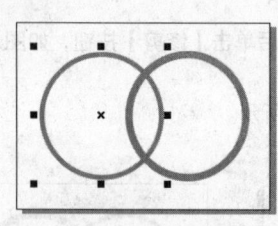

图5-74 选择对象 　　图5-75 选择【简化】选项 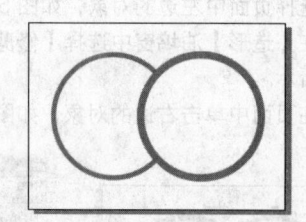　　图5-76 简化效果

5.5.5 移除后面对象

对于重叠的多个对象，可以在最前面的对象上减掉与后面几个对象重叠的部分，从而得到新的形状。

移除后面的对象

操作步骤

1. 选择要进行处理的对象，如图5-77所示。

2 在【造形】泊坞窗中选择【移除后面对象】选项，单击【应用】按钮，如图5-78所示，得到的效果如图5-79所示。

图5-77　选择对象　　　图5-78　选择【移除后面对象】选项　　　图5-79　移除后面对象效果

5.5.6 移除前面对象

对于重叠的多个对象，可以在最后面的对象上减掉与前面几个对象重叠的部分，从而得到新的形状。

移除前面的对象

操作步骤

1 选择要进行处理的对象，如图5-80所示。
2 在【造形】泊坞窗中选择【移除前面对象】选项，单击【应用】按钮，如图5-81所示，得到的效果如图5-82所示。

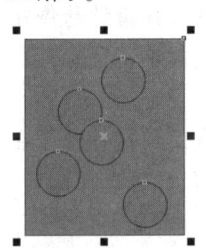

图5-80　选择对象　　　图5-81　选择【移除前面对象】选项　　　图5-82　移除前面对象效果

5.6 处理表格

表格提供了一种结构布局，使用户可以在绘图中显示文本或图像。用户可以绘制表格，也可以从段落文本创建表格。通过修改表格属性和格式，用户可以轻松地更改表格的外观。此外，由于表格是对象，因此用户可以以多种方式处理表格。还可以从文本文件或电子表格导入现有表格。

5.6.1 向绘图添加表格

使用CorelDRAW X5，可以向绘图添加表格，从而创建文本和图像的结构布局。

向绘图添加表格

操作步骤

1 除了使用表格工具创建表格外，也可以单击【表格】→【创建新表格】命令，弹出【创建新表格】对话框，

101

在【行数】和【列数】文本框中输入数值，如图5-83所示。

2 单击【确定】按钮，即可创建表格。

5.6.2 编辑表格

若要对表格进行编辑，必须先选择表格、表格行、表格列或表格单元格，然后才能插入行或列、更改表格边框属性等。

图5-83 【创建新表格】对话框

1. 选择表格、行或列

选择表格、行或列

操作步骤

1 单击表格工具，然后单击表格。

2 单击【表格】→【选择】命令，在【选择】子菜单中单击所需的命令即可，如图5-84所示。

> **提示** 使用鼠标选择表格：单击表格工具，然后单击表格，将表格工具指针停在表格的左上角,此时鼠标指针变为箭头，然后单击鼠标即可选择整个表格，如图5-85所示。
>
> 使用快捷方式选择表格：单击表格工具，然后单击表格，最后单击【Ctrl + A + A】组合键。
>
> 使用鼠标选择行：单击表格工具，然后单击表格，将表格工具指针悬停在要选择的行左侧的表格边框上，此时鼠标指针变为箭头，然后单击鼠标可选择此行，如图5-86所示。
>
> 使用鼠标选择列：单击表格工具，然后单击表格，将表格工具指针悬停在要选择的列的顶部边框上。此时鼠标指针变为箭头,然后单击鼠标可选择此列，如图5-87所示。

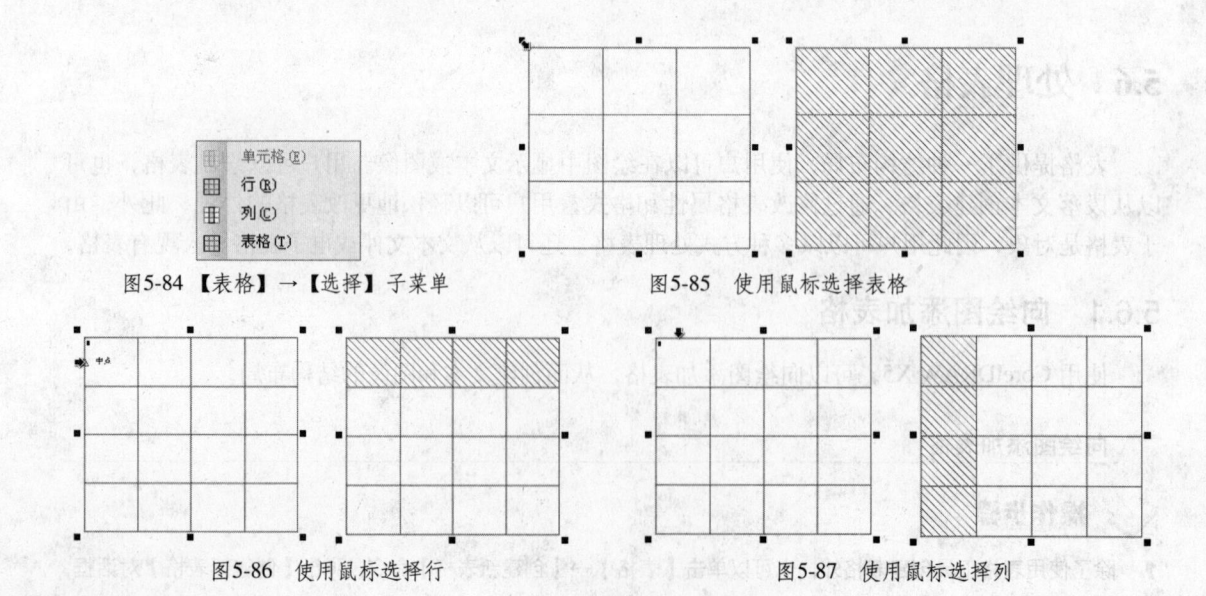

图5-84 【表格】→【选择】子菜单   图5-85 使用鼠标选择表格

图5-86 使用鼠标选择行   图5-87 使用鼠标选择列

2. 插入和删除表格行和列

用户可以在表格中插入行和列,也可以从表格中删除行和列。

在表格中插入和删除行和列

操作步骤

(1) 在表格中插入行和列

1. 如果需要在表格中插入行或列,首先在表格中选择一行或一列,如图 5-88 所示。
2. 单击【表格】→【插入】命令,在【插入】子菜单中单击所需的命令,如图 5-89 所示,这里单击【行上方】命令。
3. 在所选行的上方插入一行后的效果如图 5-90 所示。

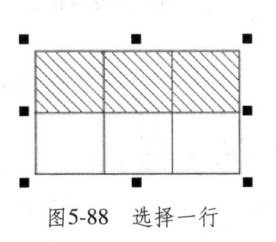

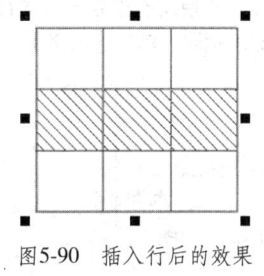

图5-88 选择一行　　　　　图5-89 【插入】子菜单　　　　　图5-90 插入行后的效果

> **提示** 当从【表格】→【插入】菜单中使用【行上方】命令或者【行下方】命令时,插入的行数取决于所选择的行数。例如,如果已选择了两行,那么将在表格中插入两行。

(2) 在表格中删除行和列

1. 选择要删除的行或列。
2. 单击【表格】→【删除】子菜单中的命令,即可进行删除操作,如图 5-91 所示。

图5-91 【表格】→【删除】子菜单

3. 调整表格单元格、行和列的大小

用户可以调整表格单元格、行和列的大小。如果更改了某行或某列的大小,可以对其进行分布以使所有行或列大小相同。

调整表格单元格、行和列的大小

操作步骤

1. 单击表格工具,然后单击表格。
2. 选择要调整大小的单元格、行或列(本例选择一行)。
3. 在表格工具属性栏上的【宽度】和【高度】文本框中键入数值(本例设置了高度),调整前后的效果如图 5-92 所示。

103

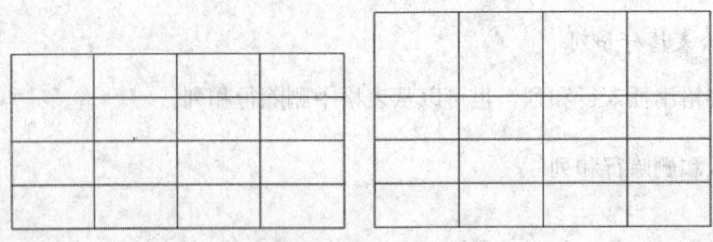

图5-92　调整行的高度

分布表格中的行和列

操作步骤

1. 选择要分布的表格单元格。
2. 如果要使所有选定行的高度相同，单击【表格】→【分布】→【行均分】命令；如果要使所有选定列的宽度相同，单击【表格】→【分布】→【列均分】命令。如图5-93所示为平均分布行的高度前后的效果。

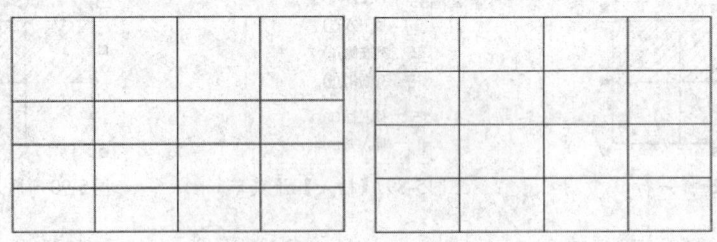

图5-93　平均分布行的高度

4. 合并和拆分表格和单元格

可以通过合并相邻单元格、行和列来更改表格的配置方式。如果合并表格单元格，则左上角单元格的格式将应用于所有合并的单元格。也可以拆分先前合并的单元格。

合并与拆分表格中的单元格

操作步骤

1. 选择要合并的单元格（选择必须为矩形）。
2. 单击【表格】→【合并单元格】命令，合并单元格前后的效果如图5-94所示。

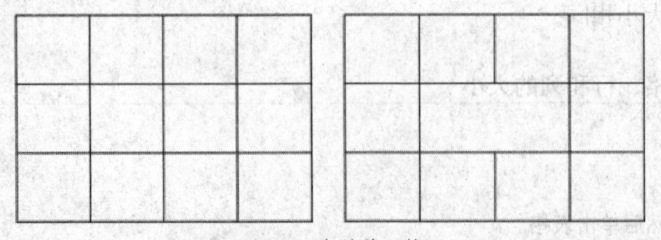

图5-94　合并单元格

3. 如果需要对合并后的单元格进行拆分，选择要拆分的单元格。
4. 单击【表格】→【拆分单元格】命令即可。

拆分表格中的行或列

操作步骤

1. 单击表格工具,选择要拆分的行或列。
2. 单击【表格】→【拆分为行】或者【拆分为列】命令,这时弹出【拆分单元格】对话框,如图 5-95 所示,从中设置所需的参数,单击【确定】按钮即可。

图5-95 设置拆分的行数与列数

5. 向表格添加文本、图像、图形

用户可以轻松地向表格单元格中添加文本,也可添加位图图像或矢量图形到表格中。

向表格中的单元格添加文本

操作步骤

1. 选择表格工具,单击要添加文本的单元格,在单元格中输入文本,如图 5-96 所示。
2. 如果希望文本在单元格中居中对齐,使用表格工具选择单元格中的文本,这时将打开【编辑表格单元格文本】属性栏,如图 5-97 所示。

图5-96 输入文本

图5-97 【文本】属性栏

3. 在属性栏中单击【文本对齐】下拉按钮,从中选择【居中】选项,如图 5-98 所示。文本居中对齐后的效果如图 5-99 所示。

图5-98 使文本水平居中

图5-99 居中对齐后的文本

向表格中的单元格添加图像或图形

操作步骤

1. 复制所要添加的图像或图形。
2. 选择表格工具,然后选择要插入图像或图形的单元格。
3. 单击【编辑】→【粘贴】命令,添加图像后的效果如图 5-100 所示。

图5-100 向表格单元格中添加图像

5.7 上机实战

通过本章的学习,用户掌握了 CorelDRAW X5 中图形编辑的知识。下面通过多个实例的制作,

中文版CorelDRAW X5经典教程

来进一步熟悉和掌握图形编辑的方法和操作技巧。

5.7.1 制作光盘

本实例为制作光盘，效果如图5-101所示。

图5-101 光盘

制作光盘

最终效果：光盘\效果\第5章\光盘.cdr

操作步骤

1. 单击【文件】→【新建】命令，新建一个空白页面。
2. 选择工具箱中的【折线】工具，在页面中绘制线段，如图5-102所示。
3. 选中该线段后在线段上单击鼠标左键进入旋转状态，然后将旋转中心点移至线段的左端，如图5-103所示。
4. 单击【窗口】→【泊坞窗】→【变换】→【旋转】命令，打开【转换】泊坞窗，在【角度】数值框中输入30，在【副本】数值框中输入11，如图5-104所示。
5. 单击【应用】按钮，得到的效果如图5-105所示。

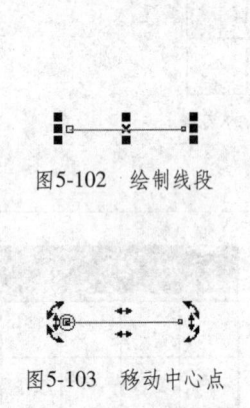

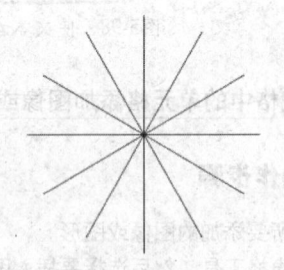

图5-102 绘制线段　　图5-103 移动中心点　　图5-104 【变换】泊坞窗　　图5-105 复制线段

6. 利用选择工具选中其中的一条线段，如图5-106所示。
7. 在工具箱中选择【轮廓笔】按钮，打开【轮廓笔】对话框，在【颜色】下拉列表框中选择红色，如图5-107所示。
8. 单击【确定】按钮，效果如图5-108所示。

106

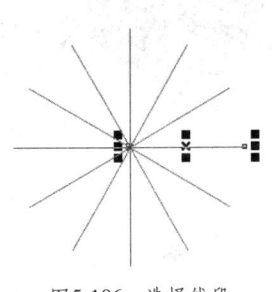

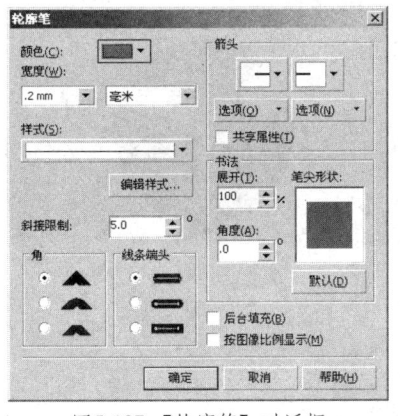

图5-106 选择线段　　　图5-107 【轮廓笔】对话框　　　图5-108 改变线条的颜色

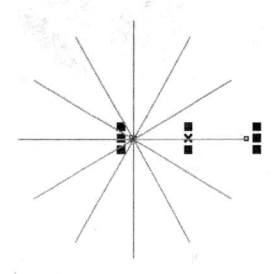

9　重复步骤6～步骤8的操作，为其余的线条改变颜色，效果如图5-109所示。
10　选择工具箱中的交互式调和工具，在属性栏的【调和对象】数值框中输入200，如图5-110所示。

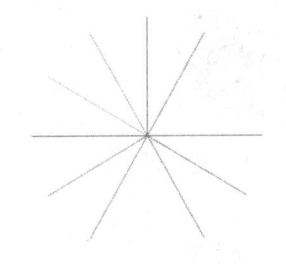

图5-109 改变其余线条的颜色　　　图5-110 设置调和参数

11　在一条线段上单击鼠标左键并拖拽至另一条线段上，创建调和效果，如图5-111所示。
12　重复步骤11的操作，得到光盘的雏形，效果如图5-112所示。

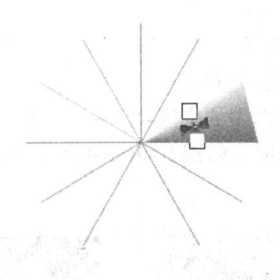

图5-111 创建调和效果　　　图5-112 调和后的效果

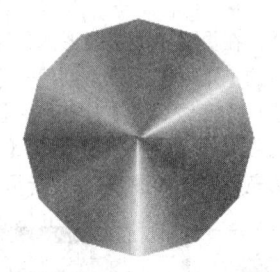

13　利用选择工具将页面中的图形全部选中，然后单击【排列】→【群组】命令，将图形群组。
14　选择工具箱中的【椭圆形】工具，按住【Ctrl】的同时，在页面中绘制正圆，如图5-113所示。
15　利用选择工具选中光盘的雏形，如图5-114所示。
16　单击【效果】→【图框精确裁剪】→【放置在容器中】命令，然后单击页面中的正圆，如图5-115所示。得到的光盘的效果如图5-116所示。
17　利用选择工具选中页面中的光盘，从工具箱中选择【无轮廓】按钮，将图形设置为无轮廓，效果如图5-117所示。
18　在步骤14中，如果绘制其他图形，比如五角星、多角星（如图5-118所示），重复步骤15～步骤16的操作就可以得到如图5-119所示的效果。

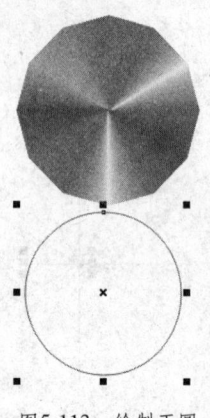

图5-113 绘制正圆 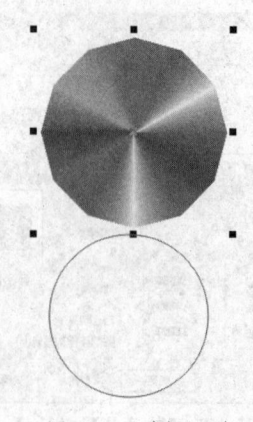　　　　图5-114 选择图形 　　　　图5-115 单击页面中的正圆

图5-116 光盘效果 　　　　图5-117 设置图形无轮廓

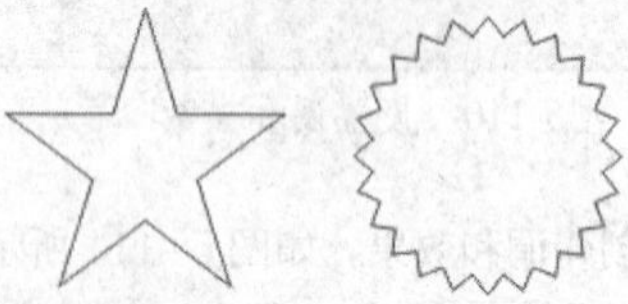

图5-118 绘制其他图形 　　　　图5-119 得到其他图形效果

19 利用选择工具，在页面中调整图形的位置，如图 5-120 所示。
20 双击工具箱中的【矩形】工具，创建一个和页面一样大小的矩形。
21 从工具箱中选择【底纹填充】按钮，在【底纹填充】对话框中的【底纹库】下拉列表框中选择【样式】选项，在【底纹列表】列表框中选择【软 2 色圆斑】选项（如图 5-121 所示），单击【确定】按钮，为矩形进行填充，效果如图 5-122 所示。

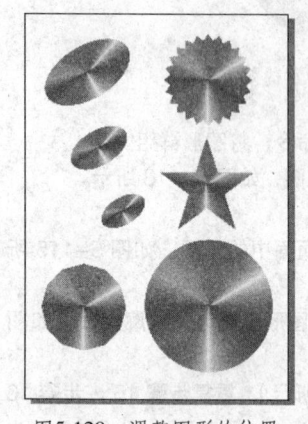

图5-120 调整图形的位置 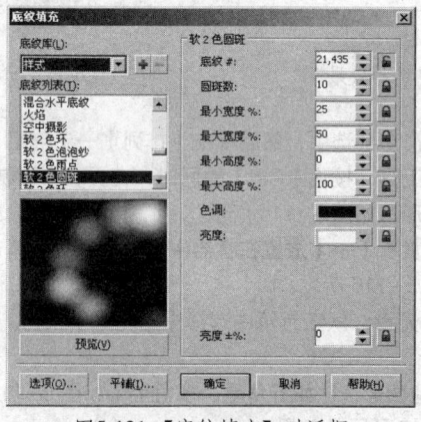　　　　图5-121 【底纹填充】对话框 　　　　图5-122 填充后的效果

第5章 图形的编辑

22 选择工具箱中的【文本】工具，在属性栏中设置适当的字体和字号，在页面中输入文字，并设置文字的颜色，得到最终效果，如图 5–101 所示。

5.7.2 纹理效果

本实例为制作纹理效果，如图 5-123 所示。

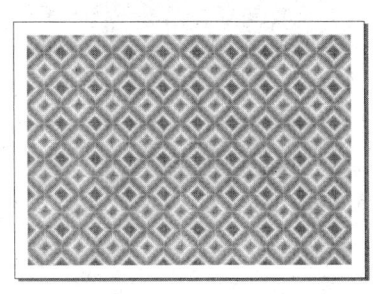

图5-123 纹理效果

制作纹理效果

最终效果：光盘\效果\第5章\纹理效果.cdr

操作步骤

1. 单击【文件】→【新建】命令，新建一个空白页面，在属性栏中设置页面为横向。
2. 选择工具箱中的【矩形】工具，在页面中绘制正方形，如图 5–124 所示。
3. 从工具箱中选择【渐变填充】按钮，弹出【渐变填充】对话框，在【预设】下拉列表框中选择【25–柱面–09】选项，在【角度】数值框中输入 45，如图 5–125 所示。
4. 单击【确定】按钮，填充后的效果如图 5–126 所示。

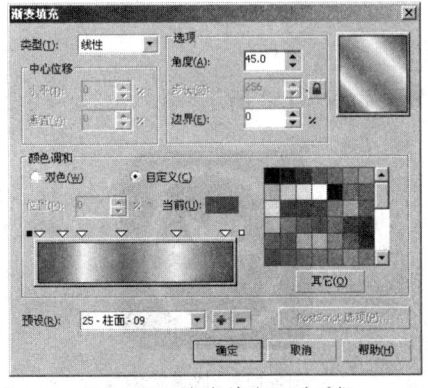

图5-124 绘制正方形　　图5-125 【渐变填充】对话框　　图5-126 填充后的效果

5. 从工具箱中选择【无轮廓】按钮，将矩形的轮廓去除，如图 5–127 所示。
6. 单击【窗口】→【泊坞窗】→【变换】→【比例】命令，弹出【转换】泊坞窗，在其中单击【水平镜像】按钮，其他设置如图 5–128 所示。单击【应用】按钮，图形效果如图 5–129 所示。
7. 连续单击【应用】按钮多次，得到的效果如图 5–130 所示。
8. 利用选择工具选择页面中的全部图形，如图 5–131 所示。
9. 在【转换】泊坞窗中单击【垂直镜像】按钮，其他设置如图 5–132 所示。

109

图5-127 去除轮廓　　図5-128 【转换】泊坞窗　　图5-129 水平镜像矩形

图5-130 复制矩形得到的效果

图5-131 选择图形　　　　　　　　图5-132 【转换】泊坞窗

10 单击【应用】按钮多次，得到最终效果，如图5-123所示。至此，本实例制作完毕。

5.7.3 四通标志

本实例为制作四通标志，效果如图5-133所示。

图5-133 四通标志

──制作四通标志

最终效果：光盘\效果\第5章\四通标志.cdr

操作步骤

1 单击【文件】→【新建】命令，新建一个空白页面。

2. 选择工具箱中的【椭圆形】工具，按住【Ctrl】键的同时在页面中绘制正圆，如图 5-134 所示。
3. 选择工具箱中的【折线】工具，在页面中绘制一条直线，如图 5-135 所示。
4. 选中页面中的全部图形，单击【排列】→【对齐与分布】→【垂直居中对齐】命令，效果如图 5-136 所示。

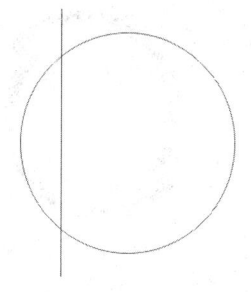

图5-134　绘制正圆　　　　图5-135　绘制直线　　　　图5-136　将直线居中对齐

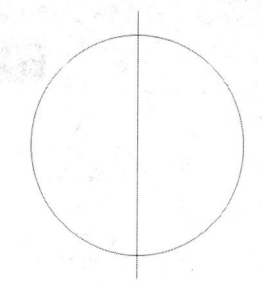

5. 选中页面中的直线，单击【窗口】→【泊坞窗】→【造形】命令，在弹出的【造形】泊坞窗的下拉列表框中选择【修剪】选项（如图 5-137 所示），单击【修剪】按钮，在页面中单击圆形，得到的效果如图 5-138 所示。
6. 选择工具箱中的选择工具，在页面中的图形上双击，将图形进行旋转，效果如图 5-139 所示。

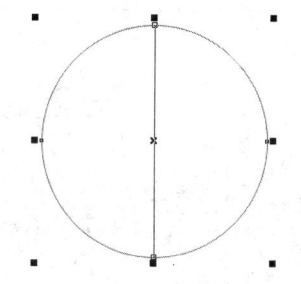

图5-137　【造形】泊坞窗　　　　图5-138　修剪后的效果　　　　图5-139　将图形旋转

7. 单击【排列】→【拆分曲线】命令，并调整拆分后的图形的位置，如图 5-140 所示。
8. 选中页面中的全部图形，在【造形】泊坞窗的下拉列表框中选择【焊接】选项，单击【焊接到】按钮，得到的效果如图 5-141 所示。

图5-140　调整拆分后的图形　　　　图5-141　焊接后的效果

9. 选择页面中的图形，从工具箱中选择【轮廓笔】按钮，在【轮廓笔】对话框中的【宽度】下拉列表框中选择 10mm（如图 5-142 所示），单击【确定】按钮，效果如图 5-143 所示。
10. 在调色板中用鼠标右键单击白色色块，将图形轮廓设置为白色。利用矩形工具在页面中绘制矩形，并设置【边角圆滑度】均为 30，并将矩形移至白色图形的后面，如图 5-144 所示。

中文版CorelDRAW X5经典教程

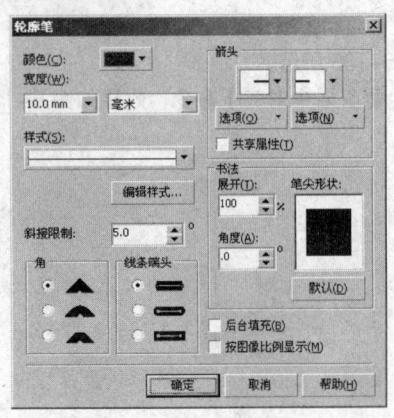

图5-142 设置图形的轮廓　　　图5-143 设置后的效果　　　图5-144 绘制矩形并调整位置

11 选择工具箱中的【星形】工具，在页面中绘制星形，在调色板中单击白色色块，将星形填充为白色，最终效果如图5-133所示。

5.7.4　镂空文字

本实例为制作镂空文字，效果如图5-145所示。

图5-145　镂空文字

制作镂空文字

最终效果：光盘\效果\第5章\镂空文字.cdr

操作步骤

1 单击【文件】→【新建】命令，新建一个空白页面。
2 单击属性栏中的【横向】按钮，将页面设为横式。
3 双击工具箱中的【矩形】工具，在页面中绘制一个与页面大小一致的矩形，如图5-146所示。
4 确保选中页面中的矩形，在调色板中单击蓝色，对矩形进行填充，如图5-147所示。
5 选择工具箱中的【文本】工具，在属性栏中设置适当的字体与字号，在页面中单击鼠标，输入文字"创意"，如图5-148所示。
6 单击【编辑】→【全选】→【对象】命令，选择页面中全部的图形。
7 单击【排列】→【转换为曲线】命令，将图形转换为曲线。
8 单击属性栏中的【修剪】按钮，如图5-149所示。

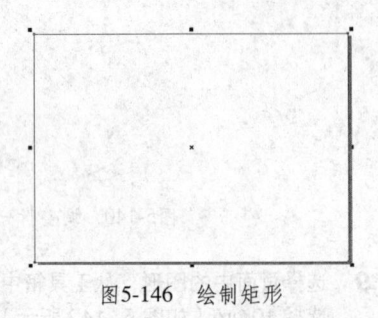

图5-146　绘制矩形

112

图5-147 对矩形进行填充 　　　　图5-148 输入文字 　　　　图5-149 对图形进行修切

9 选择工具箱中的【刻刀】工具,在页面的左端单击鼠标,然后在页面的右端单击鼠标,如图5-150所示。
10 选择工具箱中的【选择】工具,选中文字,然后单击【Delete】键删除,如图5-151所示。
11 再次利用选择工具选中图形的上半部分,如图5-152所示。

图5-150 利用刻刀工具分割图形 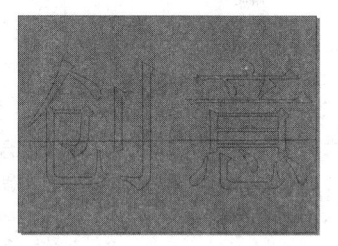　　　　图5-151 删除选中的文字 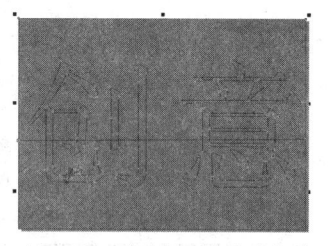　　　　图5-152 选中图形的上半部分

12 单击【Delete】键删除上半部分的图形,得到最终效果,如图5-145所示。

5.7.5 太极图

本实例为制作太极图,效果如图5-153所示。

图5-153 太极图

制作太极图

最终效果:光盘\效果\第5章\太极图.cdr

操作步骤

1 单击【文件】→【新建】命令,新建一个空白页面。
2 选择工具箱中的【椭圆形】工具,在页面中绘制正圆,在属性栏中设置【对象大小】为120、120,如图5-154所示。
3 选择图形,单击【编辑】→【复制】命令,再单击【编辑】→【粘贴】命令,复制图形,调整图形在页面中的位置,并在属性栏中设置【对象大小】为60、60,如图5-155所示。
4 单击【窗口】→【泊坞窗】→【变换】→【比例】命令,弹出【转换】泊

图5-154 绘制正圆

坞窗，在其中进行设置，如图5-156所示。
5 单击【应用】按钮，得到的效果如图5-157所示。

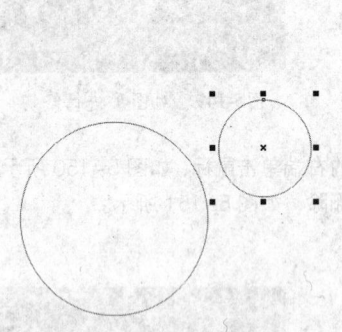

图5-155 复制图形并调整位置与大小    图5-156 【转换】泊坞窗 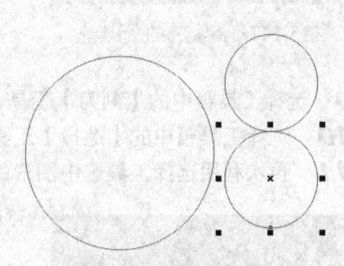   图5-157 变换效果

6 选中页面中的两个小圆，单击【排列】→【群组】命令，将其组合在一起。
7 选中页面中的全部图形，单击【排列】→【对齐和分布】→【底端对齐】命令，效果如图5-158所示。
8 单击【排列】→【对齐与分布】→【垂直居中对齐】命令，效果如图5-159所示。
9 选择页面中的所有图形，单击【排列】→【群组】命令。
10 选择工具箱中的【矩形】工具，在页面中绘制矩形，并在属性栏中设置【对象大小】为60、120，如图5-160所示。

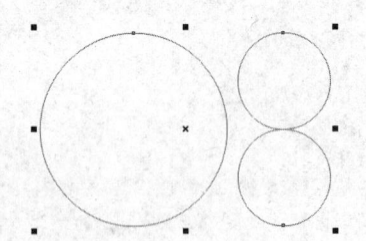

图5-158 将图形底端对齐 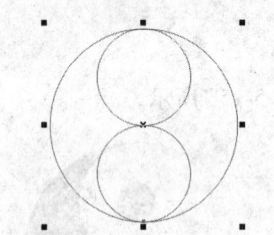   图5-159 将图形垂直居中对齐 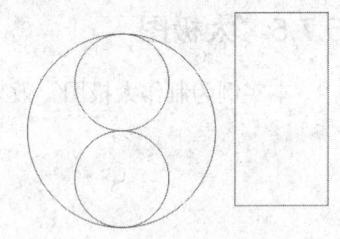   图5-160 绘制矩形

11 选中页面中全部的图形，单击【排列】→【对齐与分布】→【底端对齐】命令，再单击【排列】→【对齐与分布】→【右对齐】命令。
12 取消页面中全部图形的群组，利用选择工具选中位于上面的小圆，如图5-161所示。
13 单击【窗口】→【泊坞窗】→【造形】命令，在弹出的【造形】泊坞窗中选择【修剪】选项（如图5-162所示），单击【修剪】按钮，然后在页面中单击矩形，得到的效果如图5-163所示。

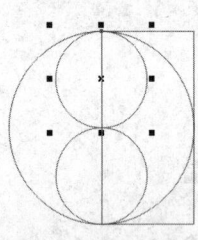

图5-161 选中小圆    图5-162 修剪图形 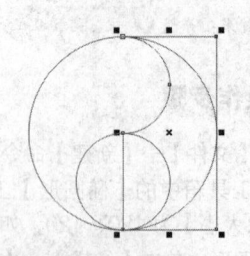   图5-163 修剪后的效果

14 在【造形】泊坞窗中单击下拉按钮，从弹出的下拉列表中选择【焊接】选项（如图5-164所示），单击【焊接到】按钮，然后在页面中单击位于下面的小圆，得到的效果如图5-165所示。

15 在【造形】泊坞窗中单击下拉按钮，从下拉列表中选择【相交】选项（如图5-166所示），然后单击页面中的大圆，得到的效果如图5-167所示。

图5-164 焊接图形 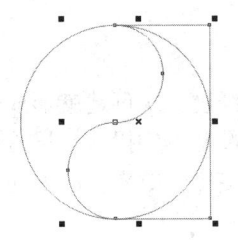　　图5-165 焊接图形效果 　　图5-166 相交图形 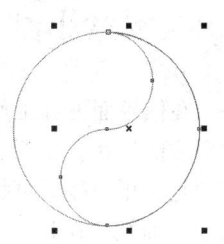　　图5-167 相交图形效果

16 将图形的右半部分填充为黑色，如图5-168所示。
17 选中页面中的全部图形，单击【排列】→【群组】命令，将其组合在一起。
18 利用椭圆形工具在页面中绘制正圆，在属性栏中设置【对象大小】为20、20，并填充为黑色，如图5-169所示。
19 选择黑色的正圆，复制并粘贴，将复制得到的正圆填充为白色，如图5-170所示。
20 选择页面中的大圆和黑色的小圆，单击【排列】→【对齐与分布】→【顶端对齐】命令，效果如图5-171所示。

图5-168 填充图形

图5-169 绘制正圆 　　图5-170 复制图形 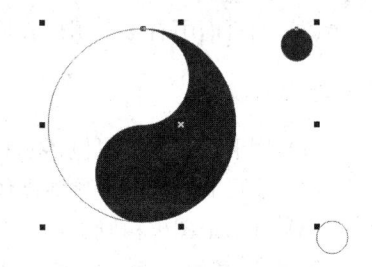　　图5-171 顶端对齐图形

21 单击【排列】→【对齐与分布】→【垂直居中对齐】命令，如图5-172所示。
22 选中黑色的小圆，在【转换】泊坞窗中进行设置（如图5-173所示），单击【应用】按钮，效果如图5-174所示。

图5-172 垂直居中对齐图形 　　图5-173 【转换】泊坞窗 　　图5-174 变换效果

23 选中大圆和黑色的小圆，将其组合在一起。

24 参照步骤 20～步骤 22，对白色的小圆也进行类似的处理，得到的效果如图 5-153 所示。至此，本实例制作完毕。

5.8 本章小结

在做平面设计工作时，作品中的对象一般不是经过一次创建就形成的，往往绘制好后，需要改变它的形状、轮廓等。本章一开始介绍了对象的最基本的操作，接着介绍了如何变换对象，这些都是为用户能够更好地设计作品打下基础，以提高工作效率。此外还介绍了如何为对象造形和图框精确剪裁效果。

在本章的最后介绍了如何在 CorelDRAW X5 中制作表格，这是 CorelDRAW X5 新增的功能，用户在学习过程中要注意练习，以达到熟练掌握的程度。

5.9 习题

1. 填空题

(1) 在改变任何对象之前，都必须选将其_____。
(2) 在 CorelDRAW X5 中，除了可以利用_____变换图形，还可以利用_____变换图形。
(3) 当页面中有多个图形叠放在一起时，根据需要，可改变图形对象的_____。

2. 问答题

(1) 图形的基本编辑包括哪些操作？
(2) 图形的变换包括哪些操作？
(3) 什么是图框精确剪裁？有何特点？

3. 上机题

(1) 对图形进行复制和再制，并体会它们的不同之处。
(2) 利用【挑选工具】，对图形进行变换操作。
(3) 上机创建一个封闭的对象作为"容器"，然后往容器内放置图片。

第6章 文本的输入与编辑

内容提要

在CorelDRAW X5中,除了可以在图形中输入文本、对文本进行版式编排之外,还可以对文本进行特殊处理,比如:让文本沿曲线排列、文本绕图效果,等等。

6.1 创建文本

利用工具箱中的文本工具,可以输入两种类型的文本:美术字文本和段落文本。这两种文本的输入方法是不同的。

6.1.1 输入美术字文本

输入美术字文本

操作步骤

1 选择工具箱中的文本工具**字**,此时的属性栏如图6-1所示。

图6-1 【文本】属性栏

2 在属性栏中设置字体和字号。
3 在页面中单击定位文本的插入点,然后输入文字,所输入的文本就是美术字。如图6-2所示。

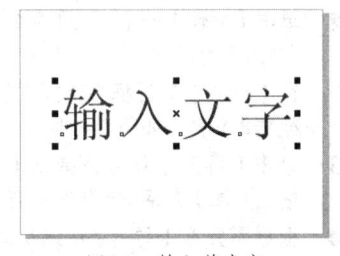

> **提示** 在输入美术字过程中,只有单击回车键时文本才会换行,否则文本不会自动换行。

图6-2 输入美术字

6.1.2 输入段落文本

输入段落文本

操作步骤

1 选择工具箱中的【文本】工具。
2 在页面中某一位置处按下鼠标不放并拖拽,将出现一个矩形的方框,如图6-3(a)所示,该方框就是文本框。

3 当对文本框的大小满意时，松开鼠标。此时，光标位于文本框的左上角，这时可以输入文字，所输入的文本就是段落文本，如图6-3（b）所示。

图6-3 输入段落文本

> **提示** 段落文本只能在文本框内显示，如果超出文本框的范围，文本框下方的控制柄内会有一个黑三角控制柄▼。此时，如果对准黑三角按下鼠标左键不放并向下拖拽，使文本框扩大，隐藏的文本就会显示出来。如果要将隐藏的文本放置到另外的位置，单击文本框下方的黑三角控制柄，鼠标会变成 形状，此时在文本框以外的位置单击，就会出现另一个文本框，在该文本框中显示被隐藏的文本。

6.1.3 导入文本

除了在页面中直接输入文本外，还可以将已有的纯文本文件（扩展名为 *.txt）导入到页面中。

导入纯文本文件

所用素材：光盘\素材\第6章\唐诗.txt

操作步骤

1 单击【文件】→【导入】命令，弹出【导入】对话框。

2 在【导入】对话框中选择要置入的纯文本文件，如图6-4所示。

3 单击【导入】按钮，弹出【导入/粘贴文本】对话框，如图6-5所示。

4 根据需要在【导入/粘贴文本】对话框中决定是否保存文本原有的字体和格式，然后单击【确定】按钮。

5 在页面内单击建立一个段落文本框，或者按下鼠标不放并拖拽建立文本框，如图6-6所示。

6 当对文本框的大小满意时松开鼠标，此时所选择的文本文件就会以段落文本的形式出现在页面中，如图6-7所示。

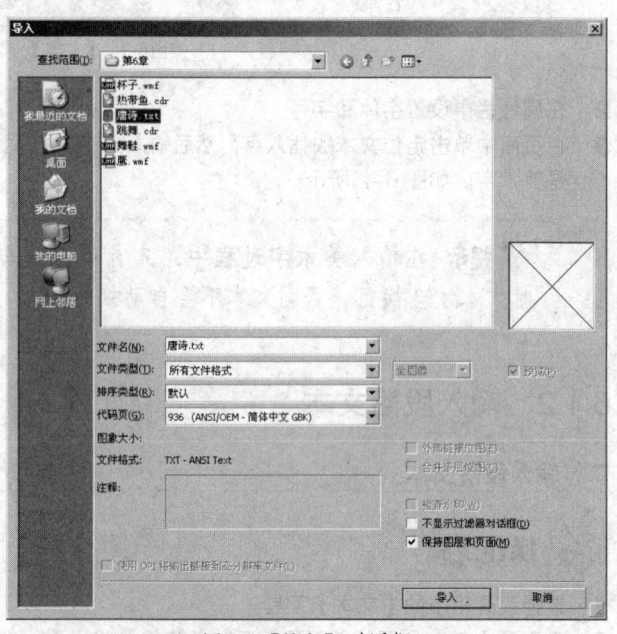

图6-4 【导入】对话框

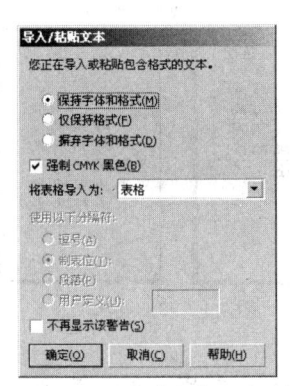

图6-5 【导入/粘贴文本】对话框　　　图6-6 按下鼠标不放拖拽　　　图6-7 导入文本

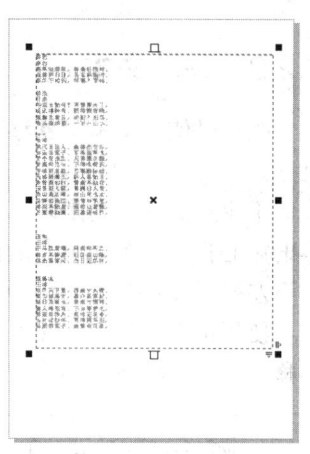

6.2 编辑文本

通过对文本进行编辑，可以设置美术字和段落文本的效果。例如，可以更改字体类型和大小，或将文本变为粗体或斜体。还可以更改文本的颜色，将文本的位置改为下标或上标，在文本中添加下划线、删除线及上划线，等等。

6.2.1 选择文本

对输入的文本往往需要进行编辑，比如设置字体、字号、段落格式等。在编辑文本之前，必须首先选中文本。

通常情况下，可以使用两种方法选择文本，分别是使用挑选工具选择文本和使用文本工具选择文本。

1. 使用挑选工具选择文本

利用挑选工具单击文本，即可选中整个文本，如图6-8所示。

图6-8 选择文本

2. 使用文本工具选择文本

使用文本工具，可以选择文本的一部分，也可以选择全部文本。

如果要选择一部分文本，办法是：在文本上按下鼠标并拖拽，即可选择部分文本，如图6-9所示。

如果要选择全部文本，办法是：在文本上双击鼠标，即可选择全部文本，如图6-10所示。

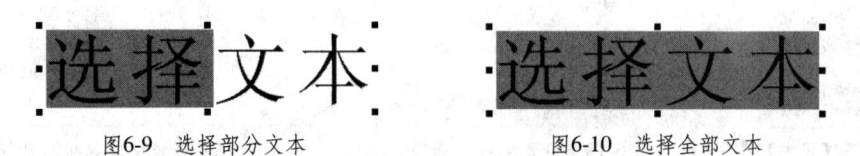

图6-9 选择部分文本　　　图6-10 选择全部文本

6.2.2 移动文本

既可以使用文本工具移动文本，也可以使用挑选工具移动文本。

不论是美术字还是段落文本，使用文本工具选中时，该文本的中心都有一个 × 形状的标志。此时，用鼠标对准 × 形标志按下左键不放并拖拽，即可移动文本的位置，如图6-11所示。

使用挑选工具移动文本时，单击文本不放并拖拽，即可将其移动。

图6-11 移动文本

> **技巧** 不论使用挑选工具或是使用文本工具移动文本，在移动的过程中，若同时单击【Ctrl】键，都可以将移动方向限制在水平或垂直方向上。

6.2.3 设置文本的属性

如果要对文字设置更多的属性（如文本的对齐、下划线、删除线等），可以在【字符格式化】泊坞窗中来进行设定。

设置文本的属性

操作步骤

1 选择要进行设置的文本，如图6-12所示。
2 单击【文本】→【字符格式化】命令，弹出【字符格式化】泊坞窗，如图6-13所示。

图6-12 选择要设置的文本    图6-13 【字符格式化】泊坞窗

3 在泊坞窗中单击【文本对齐】下拉按钮，从中选择【居中】选项，如图6-14所示。
4 在【字距调整范围】文本框中设置字符的间距，如图6-15所示。
5 然后设置字符的大小，设置后的文字效果如图6-16所示。

图6-14 选择【居中】选项    图6-15 设置字符的间距    图6-16 设置文字属性后的效果

6.2.4 设置文本颜色

若需要对文本设置颜色效果，最常用的方法就是使用调色板。

在 CorelDRAW 中，文本分为美术字和段落文本两种类型，由于两者的属性不同，因此，设置的方法也不尽相同。

1. 为段落文本设置颜色

设置段落文本的颜色

操作步骤

1. 使用文本工具选择需要设置颜色的文本，如图 6-17 所示。
2. 在调色板上单击想要的颜色色块，如图 6-18 所示。
3. 改变颜色后的文字如图 6-19 所示。

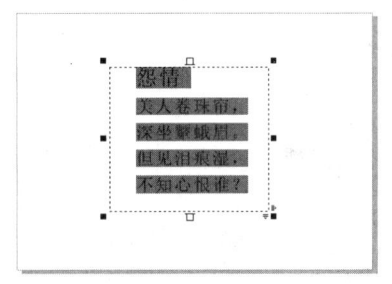

图6-17 选择要设置颜色的文本 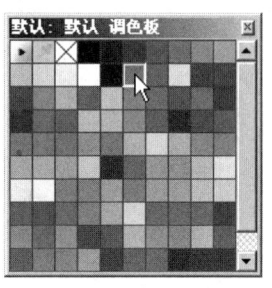　　　图6-18 选择颜色 　　　图6-19 设置文本颜色后的效果

2. 为美术字设置颜色

因为美术字具有矢量图形的性质，所以每个字符都有轮廓线条，这和段落文本是不同的。美术字的轮廓和矩形、圆形的边框一样，它的颜色可以跟内部的颜色不同。

设置美术字的颜色

操作步骤

1. 利用挑选工具选择要设置颜色的美术字，如图 6-20 所示。
2. 在调色板上用鼠标左键单击想要的颜色色块（比如蓝色），文字内部的颜色即可变为蓝色，如图 6-21 所示。
3. 在调色板上用鼠标右键单击想要的颜色色块（比如红色），文字轮廓的颜色即可变为红色，如图 6-22 所示。

图6-20 选择文本

图6-21 设置文字内部的颜色 　　　图6-22 设置文字轮廓的颜色

6.2.5 使用【编辑文本】对话框

在【编辑文本】对话框中，可以完成从输入到编辑文本的全部过程。

使用【编辑文本】对话框

操作步骤

1. 选择工具箱中的【文本】工具。
2. 在页面内单击鼠标，设置文字的起点。
3. 单击【文本】→【编辑文本】命令，弹出【编辑文本】对话框，光标自动出现在编辑文本的窗口内。
4. 在编辑文本窗口内输入文字，如图6-23所示。
5. 选择全部文本，单击【字体】下拉列表从中设置字体为"隶书"，如图6-24所示。
6. 选择文本的标题，单击【字号】下拉列表从中设置字号为72，如图6-25所示。

图6-23 【编辑文本】对话框

图6-24 设置字体

图6-25 设置字号

7. 选择正文，在字号下拉列表中设置【字号】为48。
8. 选择全部文本，在对话框中单击【水平对齐】下拉按钮，从中选择【中】选项，使文本全部居中排列，如图6-26所示。
9. 单击【确定】按钮，其结果如图6-27所示。

图6-26 选择居中文本

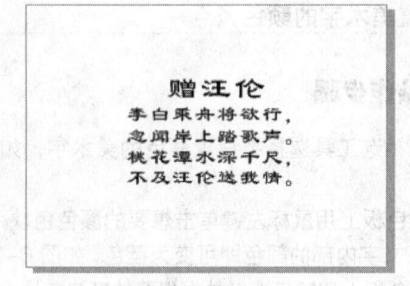

图6-27 编辑后的文本

> **提示** 利用挑选工具选择文本后，将鼠标指针对准文本一角的控制柄，按下鼠标不放且拖动，也可调整文本的大小。

6.3 文本的特殊处理

文本的特殊处理包括美术字与段落文本的转换、文本适合路径、文本绕图、在文本中嵌入图片等。

6.3.1 美术字与段落文本的转换

根据需要可在美术字与段落文本之间进行转换。

美术字与段落文本的转换

操作步骤

1. 利用挑选工具选中页面中的段落文本，如图6-28（a）所示。
2. 单击【文本】→【转换到美术字】命令，即可将段落文本转换到美术字，如图6-28（b）所示。

(a)　　　　　　　　　(b)

图6-28　段落文本转换为美术字

若需要将美术字转换为段落文本，办法是选择美术字后，单击【文本】→【转换到段落文本】命令即可。

> **提示**　在下列情况下，段落文本无法转换成美术字：
> （1）该段落文本与另外的段落文本相连。
> （2）段落文本使用了特殊效果。
> （3）段落文本的内容超出文本框的范围。

6.3.2 文本适合路径

在CorelDRAW X5中，可以让文本围绕弯曲的曲线进行排列，这就是文本适合路径的功能。

> **提示**　美术字可以适合开放路径或闭合路径，段落文本只能适合开放路径。

使文本适合路径后，可以根据路径调整文本的位置。例如，可以将文本置于路径的另一边，也可以调整文本与路径之间的距离。

让文本适合路径

操作步骤

1. 使用挑选工具或者文本工具选择文本，如图6-29所示。
2. 单击【文本】→【使文本适合路径】命令，这时鼠标变成➜形状，在曲线上面单击，文字就会绕在曲线上，如图6-30所示。

　　刚完成的文本适合路径效果可能会对文本的位置不满意，用户可以利用属性栏来调整文本的位置。在属性栏中可以调整文本与路径的距离、文本的水平偏移、文本的方向等。

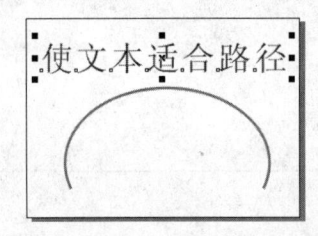

图6-29 选择文本 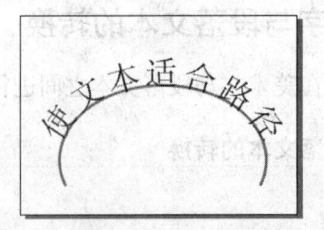　　　　图6-30 路径文字

要调整文本适合路径的位置时，先选择文本，此时属性栏如图6-31所示。

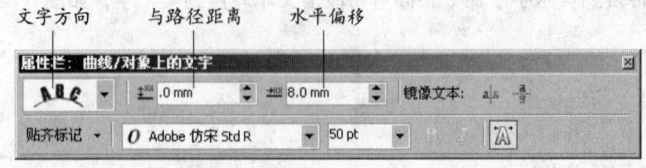

图6-31 使用"文本适合路径"后的属性栏

选项说明

- 【文字方向】：该列表框用于调整文字的方向，从中选择某种选项，如图6-32（a）所示，该样式将应用到"文本适合路径"中，应用该样式后的效果如图6-32（b）所示。

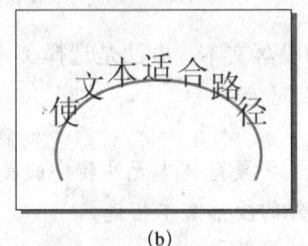

图6-32 调整文本方向

- 【与路径距离】：用于调整文本到路径的距离，如果要使文本到路径之间的距离为20毫米，那么单击文本框旁边的黑色按钮使其数值为20，调整后的效果如图6-33所示。
- 【水平偏移】：用于调整文本沿着路径水平偏移的数值，如果要使文本沿着路径向右偏移50毫米，单击文本框旁边的黑色按钮使其数值为50，调整后的效果如图6-34所示。

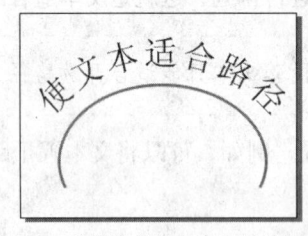

图6-33 调整路径与文本之间的距离 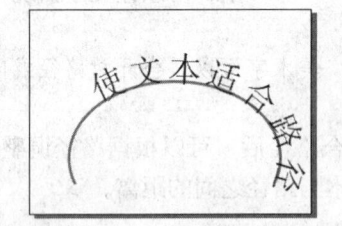　　　　图6-34 调整文本沿着路径水平偏移

CorelDRAW X5将适合路径的文本视为一个对象，根据需要可以将文本与路径分离。

将文本与路径分离

操作步骤

1 利用挑选工具在路径上单击鼠标，选中路径与文本。

2　单击【排列】→【打散在一路径上的文本】命令，即可将文本与路径分离。

> **提示**　将文本与路径分离后，文本将保留它所适合的路径的形状。

6.3.3　文本绕图效果

段落文本虽然不能用于制作"文本适合路径"效果，但可以用来制作文本绕图效果。

让文本环绕图

所用素材：光盘\素材\第6章\跳舞.cdr

操作步骤

1　打开素材文件，输入段落文本，选择要在其周围环绕文本的图片，如图6-35所示。
2　单击【窗口】→【泊坞窗】→【属性】命令，在弹出的【对象属性】泊坞窗中打开【常规】选项卡，如图6-36所示。
3　在【段落文本换行】下拉列表框中选择【轮廓图–跨式文本】选项，如图6-37所示。

图6-35　选择图片　　　　图6-36　【对象属性】泊坞窗　　　　图6-37　设置绕图效果

4　选择【轮廓图–跨式文本】选项后，页面中的文字即围绕在图形周围，如图6-38所示。

> **提示**　在段落文本框中可以插入多个图片，而且对不同的图片可以应用不同的段落文本换行方式，如图6-39所示。

图6-38　文字绕图效果　　　　图6-39　不同的文字绕图效果

取消文本的绕图效果

操作步骤

1. 选择被文本环绕的对象。
2. 单击【窗口】→【泊坞窗】→【属性】命令,在弹出的【对象属性】泊坞窗中打开【常规】选项卡,在【段落文本换行】下拉列表框中选择【无】选项即可。

6.3.4 在文本中嵌入图片

在 CoreIDRAW 中,借助复制、粘贴等命令可以将图形对象嵌入到美术字文本或者段落文本中,这些嵌入的图形对象被视为文本字符。对于嵌入的图形,可以像文本一样进行格式上的编排。

在文本中嵌入图形对象

所用素材:光盘\素材\第6章\热带鱼.cdr

操作步骤

1. 利用文本工具,在页面中输入文本,并且将插入点移至要嵌入图片的位置,如图 6-40 所示。
2. 打开一幅素材图形,并选中该图形,如图 6-41 所示。

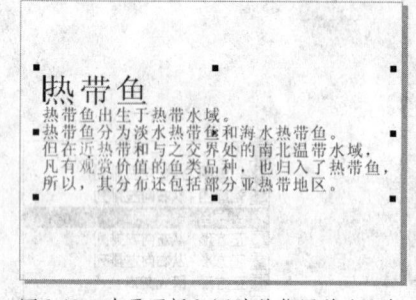

图 6-40　在需要插入图片的位置单击鼠标　　图 6-41　选择图形

3. 单击【编辑】→【复制】命令将该图形拷贝到剪贴板中备用。
4. 单击【编辑】→【粘贴】命令,即可将图形嵌入到文本中,如图 6-42 所示。
5. 对于在文本中粘贴的图片,其性质和字符一样,可以应用文本的编排格式进行编辑。图 6-43 所示为改变图片大小后的效果。

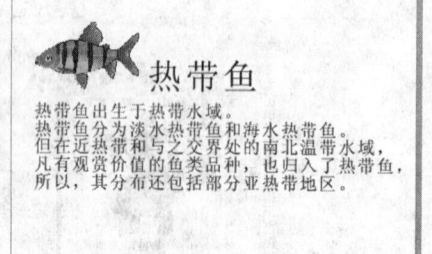

图 6-42　插入图片　　图 6-43　改变图片的大小

对于文本中嵌入的图片,如果想要删除,可以像删除字符一样对其进行删除,还可以将其从文本中移到其他的位置。

将图片从文本中移到其他的位置

操作步骤

1. 使用文本工具选择嵌入的图片，如图 6-44 所示。
2. 单击【编辑】→【剪切】命令，把图片从文本中剪切到剪贴板上。
3. 单击挑选工具，在文本对象以外的区域单击鼠标。
4. 单击【编辑】→【粘贴】命令，图片就被粘贴到文本对象之外了，如图 6-45 所示。

图6-44　选择图片　　　　　　　　图6-45　将图片粘贴到文本之外

6.3.5　插入特殊字符

CorelDRAW X5 提供了【插入符号字符】的命令，通过它可以选择特殊字符并插入到文本中。

在文本中插入特殊字符

操作步骤

1. 选择工具箱中的【文本】工具，在文本中需要插入特殊字符的地方单击，定位插入点，如图 6-46 所示。
2. 单击【文本】→【插入符号字符】命令，弹出【插入字符】对话框，如图 6-47 所示。
3. 在符号列表框中选择所需要的字符，如图 6-48 所示。

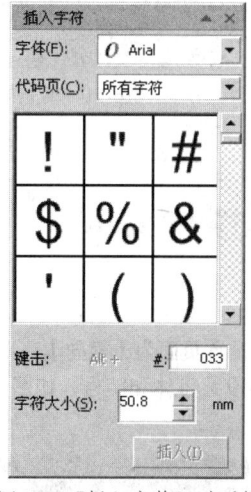

图6-46　在需要插入特殊字符的地方单击鼠标　　图6-47　【插入字符】对话框　　图6-48　选择所需的字符

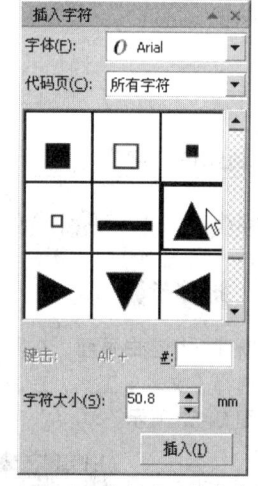

4. 单击【插入】按钮，所选的字符即被插到光标处，如图 6-49 所示。
5. 按照同样的方法，插入其他符号，最终效果如图 6-50 所示。

图6-49　插入字符　　　　图6-50　完成插入字符后的效果

6.4　上机实战

通过本章的学习，我们掌握了CorelDRAW X5中文本的操作与处理。下面通过5个完整的实例制作，来进一步熟悉和掌握文本处理的操作技能与技巧。

6.4.1　填充字

本实例为制作填充字，效果如图6-51所示。

图6-51　填充字

制作填充字

最终效果：光盘\效果\第6章\填充字.cdr

操作步骤

1　新建一个空白页面，在属性栏中设置页面为【横向】。
2　选择【文本】工具，在属性栏中设置字体和字号，如图6-52所示，在页面中单击鼠标并输入文字，如图6-53所示。

图6-52　【文本】工具属性栏

3. 在工具箱中选择【底纹填充】按钮，弹出【底纹填充】对话框，在【底纹库】下拉列表框中选择【样本7】选项，在【底纹列表】列表框中选择【燃烧的水】选项，如图6-54所示。
4. 单击【确定】按钮，填充后的效果如图6-55所示。
5. 单击工具箱中的交互式阴影工具，在文字上面单击鼠标并向右下方拖拽，创建阴影效果，松开鼠标后效果如图6-56所示。

图6-53 输入文字

图6-54 【底纹填充】对话框

图6-55 填充效果

6. 在工具箱中双击【矩形】工具，创建一个和页面一样大小的矩形。
7. 在工具箱中选择【底纹填充】按钮，弹出【底纹填充】对话框，在【底纹库】下拉列表框中选择【样本9】选项，在【底纹列表】列表框中选择【震动的钣】选项，如图6-57所示。

图6-56 拖动鼠标创建阴影效果

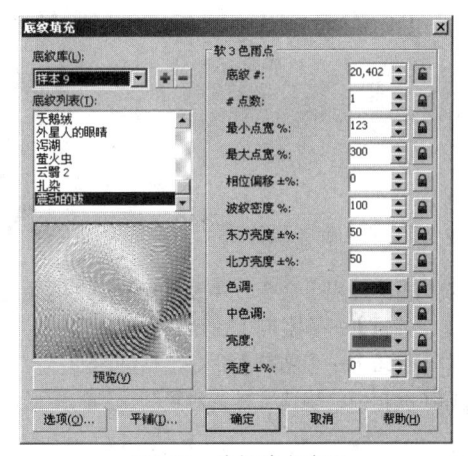

图6-57 选择填充选项

8. 单击【确定】按钮，最终的效果如图6-51所示。

6.4.2 制作热卖广告

本实例为制作热卖广告效果，如图6-58所示。

中文版CorelDRAW X5经典教程

图6-58 热卖广告

制作热卖广告

最终效果：光盘\效果\第6章\热卖广告.cdr

操作步骤

1. 新建一个空白页面。选择工具箱中的【星形】工具，在页面中绘制图形，并设置轮廓颜色，如图6-59所示。
2. 单击【窗口】→【泊坞窗】→【变换】→【旋转】命令，在弹出的【转换】对话框中按照如图6-60所示的参数进行设置。
3. 单击【应用】按钮，复制图形，并改变复制图形的颜色，如图6-61所示。

图6-59 绘制图形　　图6-60 【变换】对话框　　图6-61 复制图形

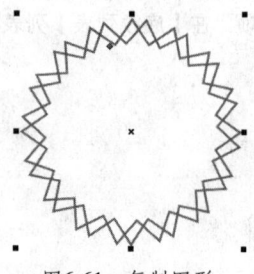

4. 再次单击【应用】命令，并改变复制图形的颜色，如图6-62所示。
5. 单击【编辑】→【复制】命令，复制图形。
6. 单击【编辑】→【粘贴】命令，粘贴图形。
7. 选择工具箱中的挑选工具，对复制得到的图形进行等比例缩放，如图6-63所示。

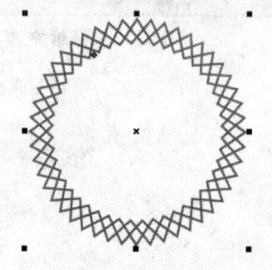

图6-62 改变图形的颜色　　图6-63 缩放图形

8　在属性栏中设置图形的轮廓宽度为3mm。
9　从工具箱中选择【渐变填充】按钮,在弹出的【渐变填充】对话框中设置渐变效果,如图6-64所示。
10　单击【确定】按钮,对图形填充渐变,效果如图6-65所示。
11　选择工具箱中的【文本】工具,并在属性栏中设置合适的字体和字号,在页面中输入文字,如图6-66所示。

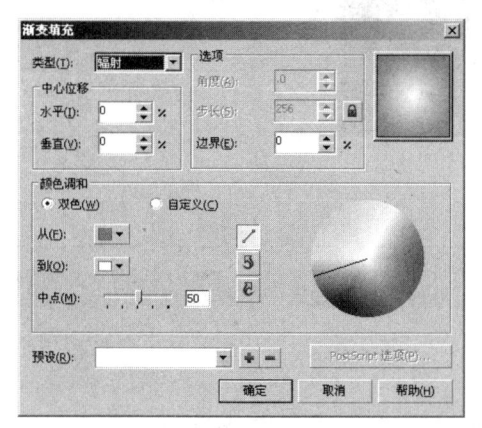

图6-64　【渐变填充】对话框　　　图6-65　设置轮廓及填充　　　图6-66　输入文字

12　选择工具箱中的挑选工具,全选页面中的图形,单击【排列】→【群组】命令,将其组合在一起。
13　单击【编辑】→【复制】命令,复制图形。
14　单击【编辑】→【粘贴】命令,粘贴图形,并调整图形的大小、位置及旋转效果。
15　多次粘贴图形,并对图形进行调整,得到的效果如图6-67所示。
16　双击工具箱中的【矩形】工具,创建一个和页面一样大小的矩形。
17　从工具箱中选择【渐变填充】按钮,在弹出的【渐变填充】对话框中为矩形设置填充渐变,如图6-68所示。

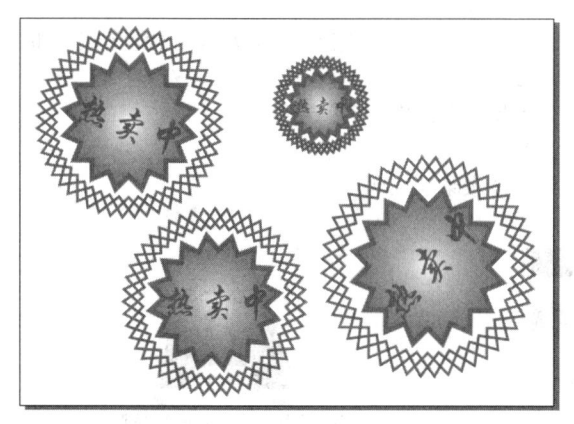

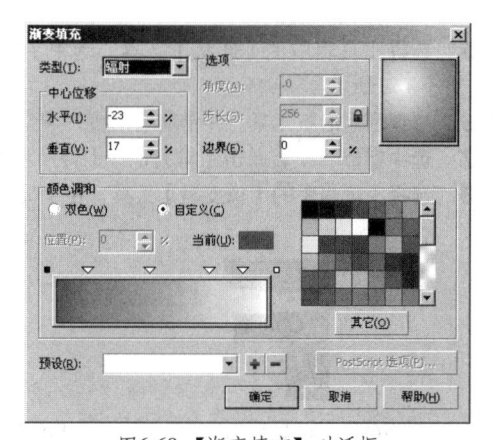

图6-67　复制图形　　　图6-68　【渐变填充】对话框

18　单击【确定】按钮,得到的最终效果如图6-58所示。

6.4.3　制作变体文字

本实例为制作变体文字,效果如图6-69所示。

图6-69 变体文字

制作变体文字

最终效果：光盘\效果\第6章\变体文字.cdr

操作步骤

1 新建一个空白页面。选择工具箱中的【文本】工具，在页面中输入文字，如图6-70所示。
2 单击【排列】→【拆分美术字】命令，对文字进行拆分。
3 选择工具箱中的【挑选】工具，选中字母"F"，单击【排列】→【转换为曲线】命令。
4 确保选中字母"F"，选择工具箱中的【橡皮擦】工具，在字母"F"上进行擦除操作，如图6-71所示。

图6-70 输入文字　　　　　　　　图6-71 对字母进行擦除

5 选择工具箱中的【形状】工具，选中字母"F"上多余的节点，单击【Delete】键，删除节点，如图6-72所示。
6 继续利用形状工具，并借助辅助线，调整字母"F"上节点的位置，如图6-73所示。
7 选中字母"A"，单击【排列】→【转换为曲线】命令。
8 选择工具箱中的【橡皮擦】工具，在字母"A"上进行擦除操作，如图6-74所示。

图6-72 删除多余的节点　　　图6-73 调整节点的位置　　　图6-74 对字母进行擦除

9 选择工具箱中的【形状】工具，选中字母"A"上多余的节点，单击【Delete】键，删除节点，如图6-75所示。
10 双击工具箱中的【矩形】工具，创建一个和页面一样大小的矩形。
11 在工具箱中选择【渐变填充】按钮，在弹出的【渐变填充】对话框中为矩形设置填充渐变，如图6-76所示。
12 单击【确定】按钮，得到的最终效果如图6-69所示。

第6章 文本的输入与编辑

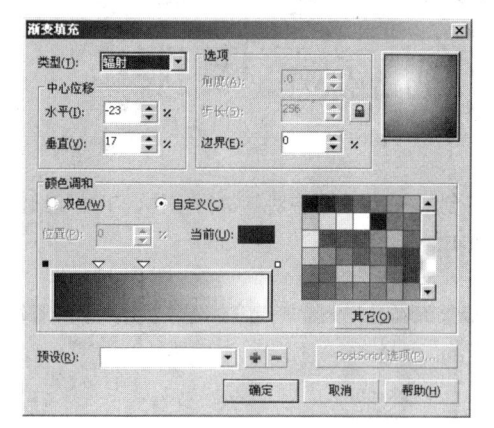

图6-75 删除节点

图6-76 【渐变填充】对话框

6.4.4 创意无极限

本实例为制作"创意无极限"宣传画，效果如图 6-77 所示。

图6-77 创意无极限

制作"创意无极限"宣传画

所用素材：光盘\素材\第6章\杯子.wmf
最终效果：光盘\效果\第6章\创意无极限.cdr

操作步骤

1 单击【文件】→【新建】命令，新建一个空白页面，在属性栏中设置页面为【横式】。
2 在工具箱中单击【文本】工具，在属性栏中设置适当的字体和字号，如图 6-78 所示。

图6-78 设置文本的字体和字号

3 在页面中单击鼠标并输入文字，如图 6-79 所示。
4 确保选中文字，单击【排列】→【打散美术字】命令，将文字拆分，如图 6-80 所示。

133

中文版CoreIDRAW X5经典教程

创意无极限　　　　创意无极限

图6-79　输入文字　　　　　　图6-80　拆分文字

5. 选中文字"创",在属性栏中对其进行字体、字号和颜色的设置,如图6-81所示,设置完成后的效果如图6-82所示。

图6-81　设置文字的属性　　　　　　图6-82　设置属性后的文字效果

6. 参照步骤5的方法对其他文字进行设置,如图6-83所示。
7. 利用【挑选】工具对每个文字进行旋转操作,并调整位置,如图6-84所示。
8. 单击【文件】→【打开】命令,在打开的【打开绘图】对话框中选择一幅素材图形文件,如图6-85所示。

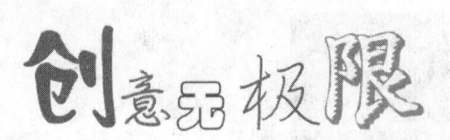

图6-83　设置其他文字后的效果

图6-84　旋转文字　　　　　　图6-85　【打开绘图】对话框

9. 单击【打开】按钮,在页面中单击并拖拽鼠标打开图形,并调整图形的位置,如图6-86所示。
10. 利用【挑选】工具对图形进行旋转操作,然后复制并粘贴图形,对复制得到的图形进行调整,得到的效果如图6-87所示。
11. 在工具箱中单击【艺术笔】工具,在属性栏中设置适当的参数,然后在页面中绘制图形,如图6-88所示。

图6-86　调整图形的位置　　　图6-87　复制图形　　　图6-88　绘制图形

134

12 选择绘制的图形，在调色板中单击适当的颜色，对图形进行填充，并将图形设置为无轮廓，如图 6–89 所示。

13 在工具箱中双击【矩形】工具，创建一个和页面一样大小的矩形。

14 选中矩形，从工具箱选择【渐变填充】按钮，在弹出的【渐变填充】对话框中的【预设】下拉列表中选择【彩虹 –07】选项，如图 6-90 所示。

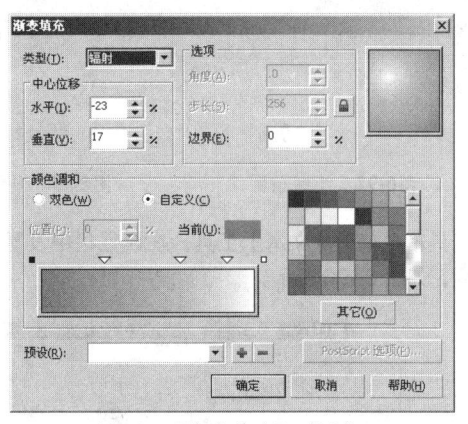

图6-89　填充图形　　　　　　　　　　图6-90　【渐变填充】对话框

15 单击【确定】按钮，对矩形进行填充，得到的效果如图 6–77 所示。

6.4.5 徽标

本实例为制作徽标，效果如图 6-91 所示。

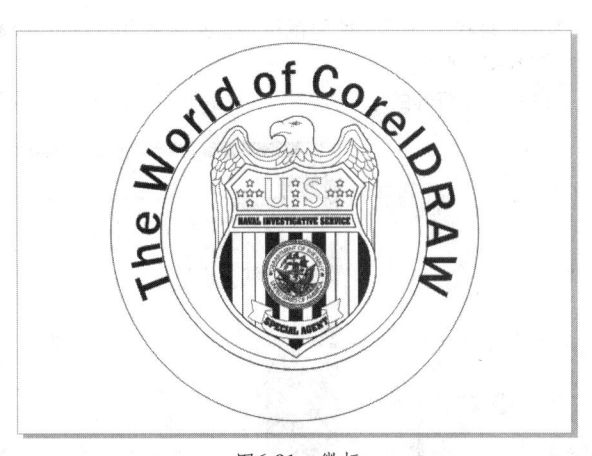

图6-91　徽标

制作徽标

所用素材：光盘\素材\第 6 章\鹰.wmf
最终效果：光盘\效果\第 6 章\徽标.cdr

操作步骤

1 单击【文件】→【新建】命令，新建一个空白页面，在属性栏中设置页面为【横式】。

2 在工具箱中单击【椭圆形】工具，单击【Ctrl+Shift】组合键，在页面中绘制正圆，如图 6-92 所示。

3 选中正圆，单击【编辑】→【复制】命令，复制正圆，再单击【编辑】→【粘贴】命令，粘贴正圆。

4 利用挑选工具将复制得到的正圆等比例缩小，如图6-93所示。

5 再次单击【编辑】→【粘贴】命令，粘贴正圆，然后将复制得到的正圆等比例放大，如图6-94所示。

图6-92 绘制正圆   图6-93 复制图形并缩小   图6-94 复制图形并放大

6 在工具箱中单击【文本】工具，在属性栏中设置字体和字号，如图6-95所示，然后在页面中单击输入文字，如图6-96所示。

图6-95 设置字体和字号

The World of CorelDRAW

图6-96 输入文字

7 单击【文本】→【使文本适合路径】命令，此时鼠标将变换黑色箭头的形状➡，单击中间的圆形，文本将沿圆形进行排列，如图6-97所示。

8 单击【文件】→【打开】命令，在打开的【打开绘图】对话框中选择一幅图形文件，如图6-98所示。

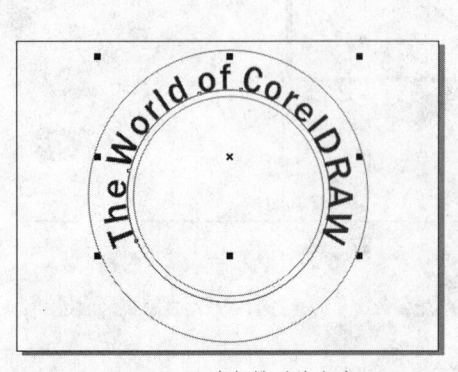

图6-97 沿路径排列的文字   图6-98【打开绘图】对话框

9 单击【打开】按钮，在页面中单击并拖拽打开的图形，同时调整位置，最终的效果如图6-91所示。

6.5 本章小结

CorelDRAW 将文本分为两种，一种是美术字，一种是段落文本。美术字适用于单行甚至单个文字的美术作品中；段落文本适用于整段、整篇、整章的文字作品。这两种文本类型可以相互转换，这对于用户的工作提供了很大的方便。此外，利用文本适合路径的功能和文本绕图功能等，可以制作出某些特别的效果，这些都可以使版面设计更加丰富。

6.6 习题

1. 填空题

（1）在 CorelDRAW 中，除了可以在图形中输入文本、对文本进行版式编排之外，还可以对文本进行特殊处理，比如：_____、_____等。

（2）利用文本工具，可以输入两种类型的文本，即：_____和_____。

（3）在 CorelDRAW X5 中，可以将图形对象嵌入到美术字文本或者段落文本中，这些嵌入的图形对象被视为_____。对于嵌入的图形，可以像文本一样进行_____的编排。

2. 问答题

（1）美术文本与段落文本有什么区别？
（2）选择文本有哪两种方法？
（3）如何将美术文本与段落文本转换？

3. 上机题

（1）使用【编辑文本】对话框输入文字，然后对其进行字体、字号和居中的设置。
（2）上机制作"文本适合路径"效果。
（3）上机制作"文本绕图"效果。

第7章 创建交互式效果

内容提要

在CorelDRAW X5的工具箱中，提供了多种用于制作交互式效果的工具，这些工具既可以应用于图形对象，也可应用于文本对象。

所有的交互式效果工具位于【交互式展开式工具】栏中，如图7-1所示，创建交互式效果的工具包括交互式调和工具、交互式轮廓线工具、交互式变形工具、交互式阴影工具、交互式封套工具、交互式立体化工具和交互式透明工具等。

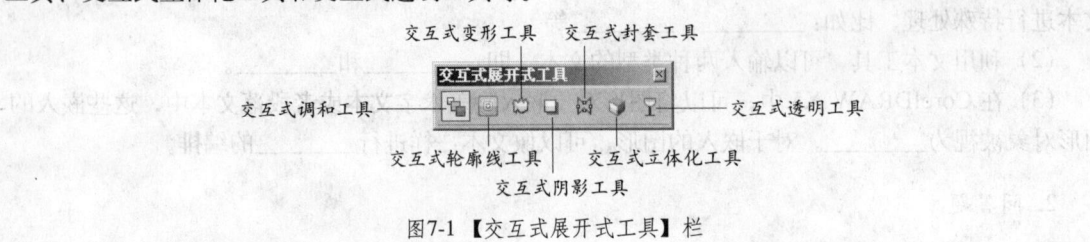

图7-1 【交互式展开式工具】栏

7.1 交互式调和工具

利用工具箱中的交互式调和工具，可在两个对象之间创建形状与颜色的渐变效果。可以采用多种调和方式，如直线调和、沿路径调和、复合调和等。

1. 上机试用交互式调和工具

使用交互式调和工具

操作步骤

1 在页面中绘制两个图形，如图7-2（a）所示。
2 单击工具箱中的交互式调和工具。
3 在其中一个图形上单击鼠标左键不放并拖拽到另一个图形上，如图7-2（b）所示，松开鼠标，在两个图形之间将产生调和效果，如图7-2（c）所示。

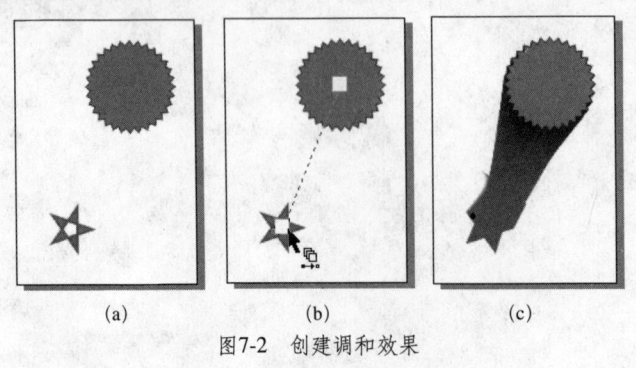

图7-2 创建调和效果

138

2. 交互式调和工具属性栏

利用交互式调和工具在页面中创建调和效果后，其属性栏如图7-3所示。

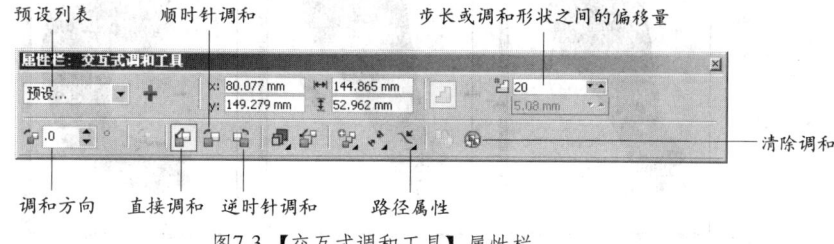

图7-3 【交互式调和工具】属性栏

选项说明

- 预设：打开该下拉列表框，从中可选择预设的调和效果，如图7-4所示。

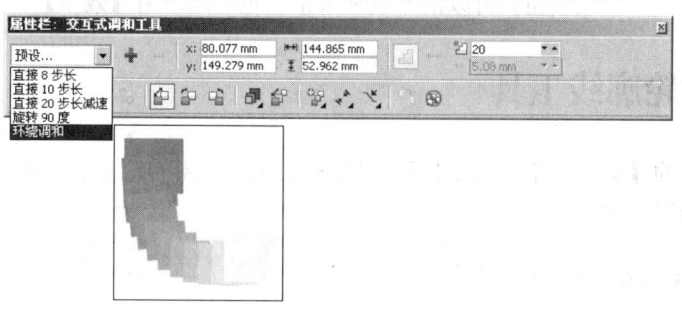

图7-4 选择预设的调和效果

- （调和对象）：通过在该文本框中输入数值，可以改变调和的步长，如图7-5所示。

> **提示** 调和步长就是调和效果中间对象的数量，调和的步长越少，调和对象的间距就越大，反之调和对象的间距就越小。

- 顺时针调和：单击该按钮，可为调和对象应用顺时针调和七彩渐变效果，如图7-6所示。
- 逆时针调和：单击该按钮，可为调和对象应用逆时针调和七彩渐变效果，如图7-7所示。

调和步长=10　　　调和步长=50

图7-5 设置调和步长　　　图7-6 顺时针调和效果　　　图7-7 逆时针调和效果

- 路径属性：利用该按钮，可以创建曲线调和效果。方法是：首先绘制一条曲线，如图7-8（a）所示，然后单击【路径属性】按钮，从中选择【新建路径】命令，此时鼠标指针变为 形状，

139

中文版CoreIDRAW X5经典教程

在曲线上单击鼠标,如图7-8(b)所示,得到的曲线调和效果如图7-8(c)所示。

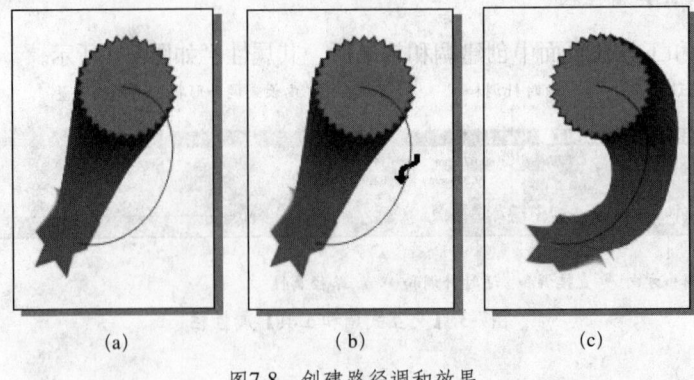

(a)　　　　　　　　(b)　　　　　　　　(c)

图7-8　创建路径调和效果

- 清除调和:单击该按钮,可以清除调和效果。也可以单击【效果】→【清除调和】命令。

7.2 交互式轮廓线工具

利用工具箱中的【交互式轮廓线工具】,可以描绘图形对象的轮廓线,从而创建一系列渐进到对象内部或外部的同心线。

1. 上机试用【交互式轮廓线工具】

使用【交互式轮廓线工具】

操作步骤

1. 在页面中绘制图形,如图7-9(a)所示。
2. 确保选中图形,单击工具箱中的交互式轮廓线工具。
3. 在图形上单击鼠标左键不放并拖拽,如图7-9(b)所示,松开鼠标,得到同心轮廓效果,如图7-9(c)所示。

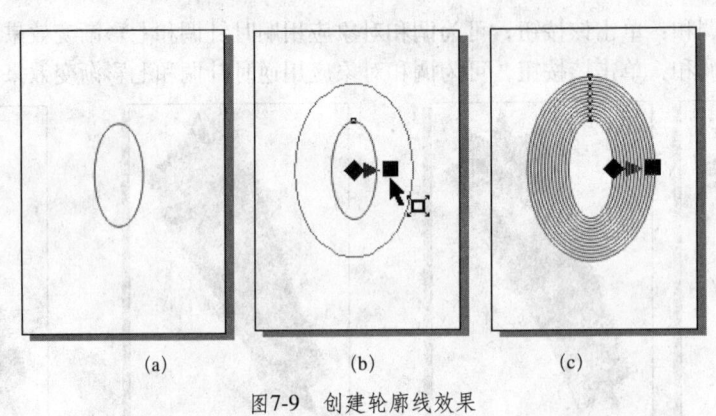

(a)　　　　　　　　(b)　　　　　　　　(c)

图7-9　创建轮廓线效果

> **提示** 交互式轮廓线效果中的轮廓可分为3部分:中心轮廓、外围轮廓和中间轮廓。其中,中心轮廓就是轮廓线中最里边的一个轮廓,外围轮廓就是轮廓线中最外边的一个轮廓,中间轮廓就是在中心轮廓与外围轮廓之间的若干个轮廓。

2.【交互式轮廓线工具】属性栏

利用【交互式轮廓线工具】在页面中创建轮廓线效果后，其属性栏如图7-10所示。

图7-10 【交互式轮廓线工具】属性栏

选项说明

- 预设...：打开该下拉列表框，从中可选择预设的轮廓效果，如图7-11所示。
- 轮廓线步数：在该文本框中输入数值，可以改变轮廓的线数，如图7-12所示。

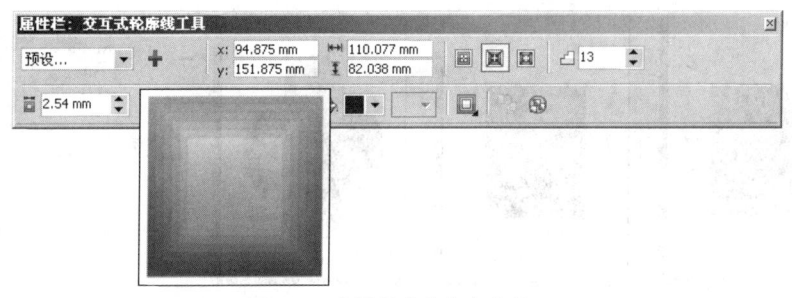

图7-11 选择预设的轮廓效果 　　　　图7-12 改变轮廓的线数

- 轮廓线偏移：在该文本中设置数值，可以改变轮廓的间距，如图7-13所示。
- 轮廓颜色：单击该按钮，打开调色板，从中可以选择轮廓线的颜色，如图7-14所示，改变颜色后的轮廓线效果如图7-15所示。

图7-13 改变轮廓的间距 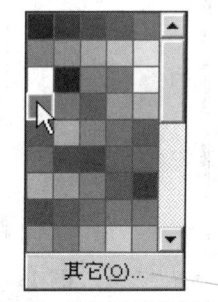　　　图7-14 选择轮廓的颜色 　　　图7-15 改变轮廓颜色后的效果

- 填充色：单击该按钮，可以从调色板中选择轮廓线的填充颜色。

> **提示** 选择轮廓线对象后，在调色板上用鼠标右键单击颜色，可以改变起始轮廓的颜色。
>
> 在属性栏上单击【填充色】按钮，然后在弹出的调色板上可以为轮廓线选择填充颜色。

7.3 交互式变形工具

利用工具箱中的交互式变形工具，可对图形进行变形操作，包括3种变形类型：推拉、拉链、扭曲。

1. 上机试用交互式变形工具

使用交互式变形工具

操作步骤

1 在页面中绘制图形，如图7-16（a）所示。
2 确保选中图形，单击工具箱中的交互式变形工具 。
3 在图形上单击鼠标左键不放并拖拽，如图7-16（b）所示，松开鼠标，得到变形效果，如图7-16（c）所示。

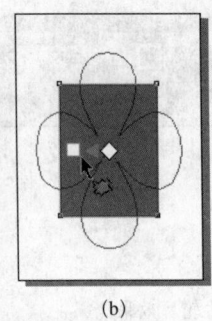

(a)　　　　　　　(b)　　　　　　　(c)
图7-16　创建变形效果

4 用鼠标拖动中间的菱形定位手柄，可以改变变形中心的位置，如图7-17所示。
5 用鼠标拖动方形的手柄，可以改变推拉失真振幅。如图7-18所示。

图7-17　改变变形中心的位置　　　图7-18　改变推拉变形失真的振幅

2. 交互式变形工具属性栏

利用交互式变形工具在页面中创建变形效果后，其属性栏如图7-19所示。

拉链变形　添加新的变形　中心变形

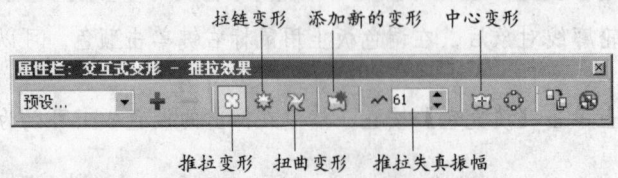

推拉变形　扭曲变形　推拉失真振幅

图7-19　【交互式变形-推拉效果】属性栏

选项说明

- **预设**：打开该下拉列表框，从中可选择预设的变形效果，如图 7-20 所示。
- **推拉变形**：单击该按钮后，在图形上按住鼠标不放并拖拽，可创建推拉变形效果。
- **拉链变形**：单击该按钮后，在图形上按住鼠标不放并拖拽，可创建拉链变形效果，如图 7-21 所示。创建了拉链变形后，属性栏将相应地变化，如图 7-22 所示，从中可以为拉链变形设置更多的属性，这里不再赘述。

图7-20　选择预设的变形效果

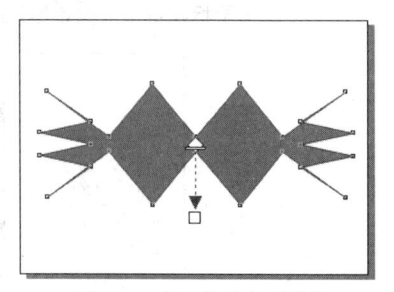

图7-21　创建拉链变形效果

图7-22　创建拉链变形后的属性栏

- **扭曲变形**：单击该按钮后，在图形上按住鼠标不放并拖拽，可创建扭曲变形效果，如图 7-23 所示。创建了扭曲变形后，属性栏将相应地变化，如图 7-24 所示，从中可以为扭曲变形设置更多的属性，这里不再赘述。
- **添加新的变形**：单击该按钮后，可在原有的变形上面添加新的变形效果。
- **推拉失真振幅**：在该文本框中输入数值，可以精确改变推拉变形失真振幅，和用鼠标拖动变形中的方形手柄作用一样。
- **中心变形**：单击该按钮，可以将变形定位在中心位置。

图7-23　创建扭曲变形效果

图7-24　创建扭曲变形后的属性栏

7.4　交互式阴影工具

利用工具箱中的交互式阴影工具，可以为图形对象添加阴影，并可以更改透视并调整属性，比如颜色、不透明度、淡出级别、角度和羽化等。

1. 上机试用交互式阴影工具

使用交互式阴影工具

操作步骤

1 在页面中绘制图形，如图7-25（a）所示。

2 确保选中图形，单击工具箱中的交互式阴影工具。

3 在图形上单击鼠标左键不放并拖拽，如图7-25（b）所示，松开鼠标，得到阴影效果，如图7-25（c）所示。

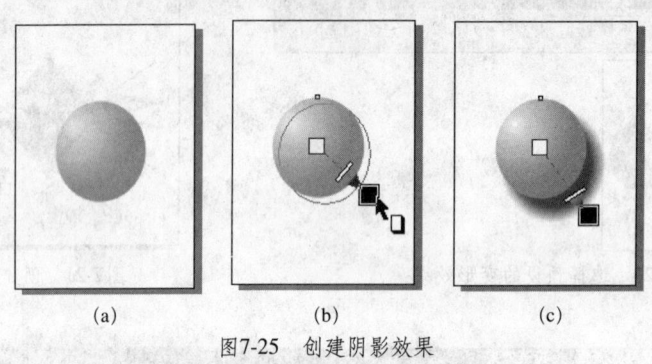

图7-25 创建阴影效果

2. 交互式阴影工具属性栏

利用交互式阴影工具在页面中创建阴影效果后，其属性栏如图7-26所示。

图7-26 【交互式阴影】属性栏

选项说明

- 预设...：打开该下拉列表框，从中可选择预设的阴影效果，如图7-27所示。

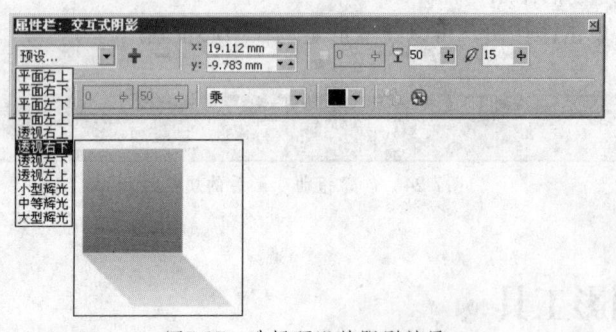

图7-27 选择预设的阴影效果

- 50 阴影的不透明度：在该文本框中设置相应的数值，可以改变阴影的不透明度，如图7-28所示。

阴影不透明度=30　　　　　　　　　阴影不透明度=90

图7-28　改变阴影的不透明度

- 阴影羽化：在该文本框中输入相应的数值，可以设置阴影的羽化效果，以柔化阴影的边缘，如图7-29所示。

阴影羽化=15　　　　　　　　　　阴影羽化=60

图7-29　设置阴影羽化效果

- 阴影羽化方向：单击该按钮，在弹出的面板中可以选择阴影羽化方向，如图7-30所示，效果如图7-31所示。

图7-30　选择羽化方向 　　　　　图7-31　羽化方向为"中间"的效果

- 阴影羽化边缘：单击该按钮，在弹出的面板中可以选择阴影羽化边缘的形状，如图7-32所示，效果如图7-33所示。
- 阴影颜色：单击该按钮，从弹出的调色板中可以改变阴影颜色，如图7-34所示，改变阴影颜色后的效果如图7-35所示。

图7-32　选择羽化边缘　　　　　图7-33　羽化边缘为"平面"的效果

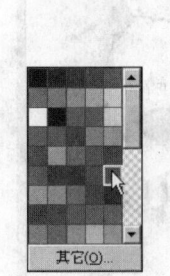

图7-34　改变阴影颜色　　　　　图7-35　改变阴影颜色后的效果

> **提示**　除了可以用鼠标对阴影的不透明度进行调整之外，也可以在属性栏中的【阴影的不透明】文本框中设置数值来改变阴影的不透明度。

7.5　交互式封套工具

利用工具箱中的交互式封套工具，可以为对象添加封套，以改变图形对象的形状。封套由节点相连的线段组成，一旦在对象周围设置了填充，可以通过移动这些节点来改变封套的形状，从而改变对象的形状。可以被应用封套的对象包括线条、美术字和段落文本框。

1. 上机试用交互式封套工具

使用交互式封套工具

操作步骤

1　在页面中绘制图形，如图7-36（a）所示。
2　单击工具箱中的交互式封套工具 。
3　用鼠标单击图形，如图7-36（b）所示，然后用鼠标单击其中的某个节点不放并拖拽，改变图形的形状，如图7-36（c）所示。

(a)   (b)   (c)

图7-36 创建封套效果

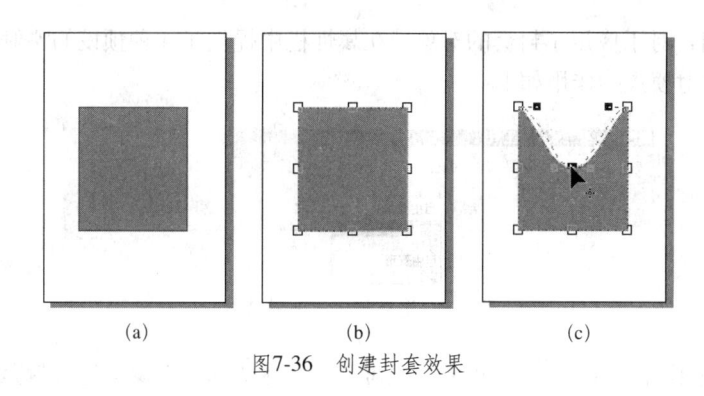

2. 交互式封套工具属性栏

利用交互式封套工具在页面中创建封套效果后，其属性栏如图7-37所示。

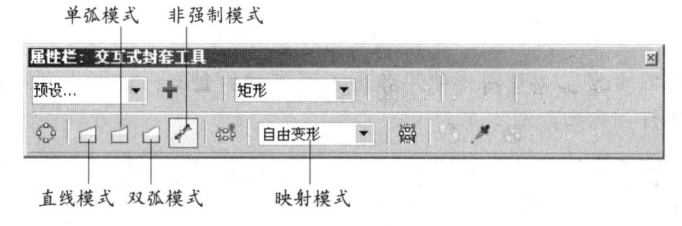

图7-37 【交互式封套工具】属性栏

选项说明

- 预设…：打开该下拉列表框，从中可选择预设的封套效果，如图7-38所示。
- 添加节点：在需要添加节点处单击鼠标，然后单击该按钮，将在此处添加一个节点。
- 删除节点：在需要删除的节点上单击鼠标，然后单击该按钮，删除该节点。
- 转换曲线为直线：单击该按钮，可将封套曲线转换为直线。
- 转换直线为曲线：单击该按钮，可将封套直线转换为曲线。

图7-38 选择预设的封套效果

- 直线模式：单击该按钮，将基于直线创建封套，为对象添加透视点。
- 单弧模式：单击该按钮，将创建一边带弧形的封套，使对象外观为凹面结构或凸面结构。
- 双弧模式：单击该按钮，将创建一边或多边带S形的封套。
- 非强制模式：单击该按钮，将创建任意形式的封套，还可以改变节点的属性以及添加或删除节点。

- 【映射模式】：对于应用了封套的对象，在属性栏中提供了4种预设的映射模式，如图7-39所示。各映射模式的作用如下：

图7-39 选择预设的映射模式

> 水平：延展对象以适合封套的基本尺度，然后水平压缩对象以适合封套的形状。
> 原始：将对象选择框的角手柄映射到封套的角节点，其他节点沿对象选择框的边缘线性映射。
> 自由变形：将对象选择框的角手柄映射到封套的节点。
> 垂直：延展对象以适合封套的基本尺度，然后垂直压缩对象以适合封套的形状。

注意 可以对文字、矢量图形使用各种不同模式的封套，以产生各种各样的变形效果，但不能对点阵图实施变形。

7.6 交互式立体化工具

利用工具箱中的交互式立体化工具，不仅可以使对象立体化，而且还可以添加体现立体效果的轮廓、颜色和可编辑的照明效果。

1. 上机试用交互式立体化工具

使用交互式立体化工具

操作步骤

1 在页面中绘制图形，如图7-40（a）所示。
2 确保选中图形，单击工具箱中的交互式立体化工具 。
3 在图形上单击鼠标左键不放并拖拽，如图7-40（b）所示，松开鼠标，得到立体化效果，如图7-40（c）所示。

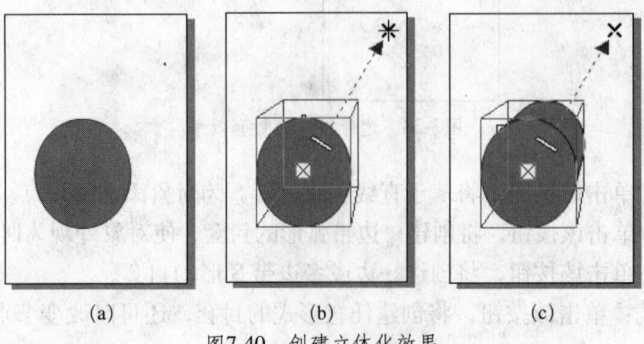

图7-40 创建立体化效果

4 拖动其中的选择手柄，可以改变立体模型的方向和深度。

2. 交互式立体化工具属性栏

利用交互式立体化工具在页面中创建立体化效果后，其属性栏如图7-41所示。

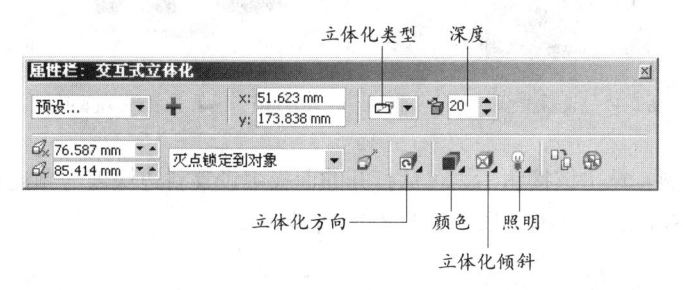

图7-41 【交互立体化】属性栏

选项说明

- 预设：打开该下拉列表框，从中可选择预设的立体化效果，如图7-42所示。
- 立体化类型：单击该按钮，可打开立体化类型列表，从中可选取某种立体化类型效果，如图7-43所示。

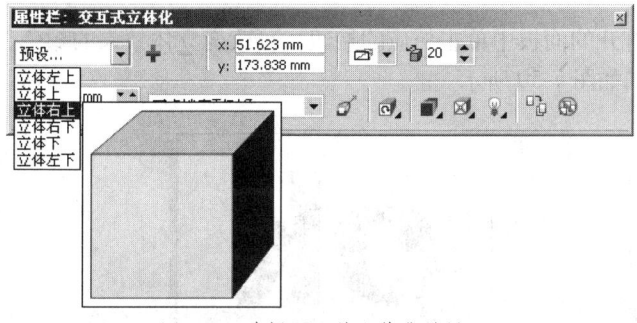

图7-42 选择预设的立体化效果

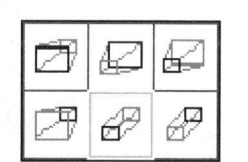

图7-43 选择立体化类型

- 深度：在该文本框中输入数值，可以设置立体化的深度，如图7-44所示。

深度=10

深度=60

图7-44 设置立体化的深度

- 照明：单击该按钮后，可从打开的面板中选择光源的类型和改变光线的强度，如图7-45所示，应用光源后的效果如图7-46所示。

图7-45 设置光源　　　　　图7-46 设置光源后的效果

- 立体化倾斜：单击该按钮后，可从打开的面板中设置斜边深度与角度数值，如图7-47所示，得到带有斜边的立体效果，如图7-48所示。

图7-47 设置斜边与角度　　　图7-48 带有斜边的立体效果

- 颜色：单击该按钮后，在打开的面板中单击相应的按钮，可改变立体效果的颜色，如图7-49所示，改变颜色后的效果如图7-50所示。

图7-49 设置立体化效果的颜色　　图7-50 改变颜色后的效果

- 立体化方向：单击该按钮，在打开的面板中可以控制物体在X、Y及Z方向的旋转角度，如图7-51（a）所示。也可单击按钮，然后在文本框中输入数值，如图7-51（b）所示。改变方向后的立体化效果如图7-51（c）所示。

(a)　　　　　(b)　　　　　(c)
图7-51 控制立体化的方向

7.7 交互式透明度工具

利用工具箱中的交互式透明度工具，可以将透明度应用于对象，从而透过对象看到其后面的内容。可以通过填充方式来应用透明度，即标准填充、渐变填充、图案填充和底纹填充。

在将透明度应用于对象时，只能看见对象下方的部分内容。另外，也可以选择透明度对象的颜色与其下方对象的颜色合并方式。

1. 上机试用交互式透明度工具

使用交互式透明度工具

操作步骤

1. 在页面中绘制图形，如图7-52（a）所示。
2. 单击工具箱中的交互式透明度工具。
3. 在图形上面单击鼠标，在属性栏的【透明度类型】下拉列表框中选择【标准】选项，得到透明效果，如图7-52（b）所示。

2. 交互式透明度工具属栏

利用交互式透明度工具在页面中创建透明效果后，其属性栏如图7-53所示。

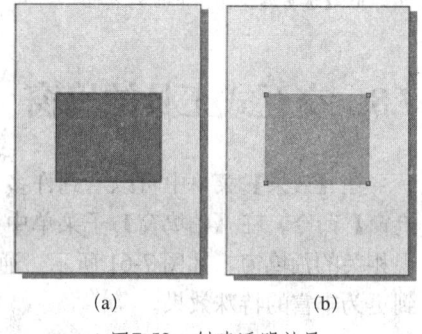

图7-52 创建透明效果

图7-53 【交互式均匀透明度】属性栏

选项说明

- 编辑透明度：单击该按钮，在打开的对话框中，可对透明度类型进行编辑。
- 透明度类型：打开该下拉列表框，从中可选择渐变的类型，如图7-54所示。选择某种透明度类型后，属性栏将相应地变化，如图7-55所示，从中可以为透明效果设置更多的属性。

图7-54 【透明度类型】下拉列表框

图7-55 选择【线性】选项后的属性栏

- 透明度操作：打开该下拉列表框，从中可选择透明度的合并模式，如图7-56所示。

-  开始透明度：在该文本框中设置相应的数值，可以更改开始颜色的不透明度，如图7-57所示。
- 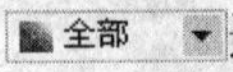 透明度目标：打开该下拉列表框，从中可选择填充方式，如图7-58所示。

图7-56 【透明度操作】下拉列表框　　　图7-57 设置开始透度　　　图7-58 【透明度目标】下拉列表框

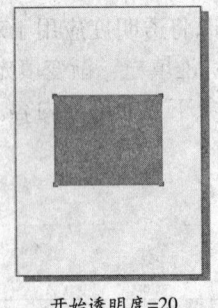

7.8 交互式工具泊坞窗

在【效果】菜单中可以看到许多创建交互效果的命令，如图7-59所示。单击【窗口】→【泊坞窗】命令，在【泊坞窗】子菜单中也有相同的命令，如图7-60所示。在某个命令上单击就会出现相关的泊坞窗，如图7-61所示。通过这些泊坞窗，可以对交互式效果进行细微的调整操作，得到更为丰富的特殊效果。

图7-59 【效果】菜单 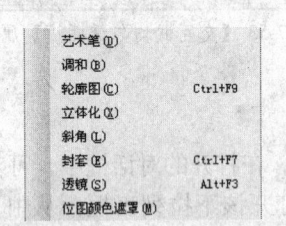　　　图7-60 【泊坞窗】子菜单 　　　图7-61 【立体化】泊坞窗

7.9 复制效果命令和克隆效果命令

在CorelDRAW X5中有两个复制对象的命令，就是复制效果命令和克隆效果命令。

复制效果命令是将一个对象的属性复制到另一个对象中，包括轮廓、填充、文本、调整大小、旋转、定位，还可以复制应用于对象的各种效果。

需要进行复制时可单击【效果】→【复制效果】子菜单中相应的命令，如图7-62所示。

图7-62 复制效果命令

152

克隆效果命令是复制对象或图像区域的副本，它链接着主对象或图像区域。使用【克隆效果】命令得到的对象，与原始的对象有某种关联，当原始对象的相关效果属性有任何变化时，该新对象的效果属性就会自动跟着改变。

需要进行克隆时可单击【效果】→【克隆效果】子菜单中相应的命令，如图 7-63 所示。

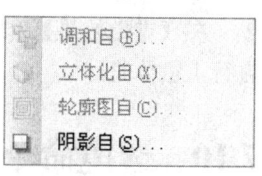

图7-63 克隆效果命令

1. 上机试用复制效果命令

使用【复制效果】命令

操作步骤

1 在页面中创建一个立体化的对象，再绘制一个椭圆。
2 利用挑选工具选择椭圆对象，如图 7-64 所示。
3 单击【效果】→【复制效果】→【立体化自】命令，这时鼠标变为黑色箭头形状，在立体化对象上面单击，立体化对象的效果就会复制到选中的对象上，如图 7-65 所示。

复制效果以后，对原对象再做修改时，不会影响到新对象，如图 7-66 所示。

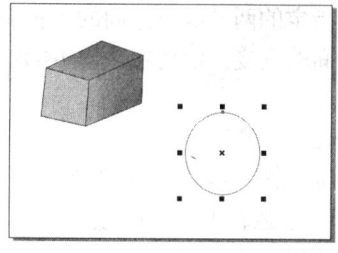

图7-64 选择对象 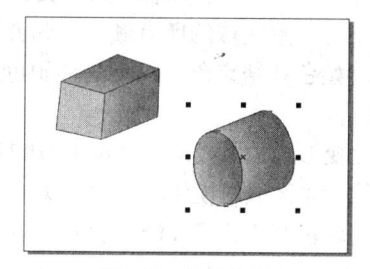　　图7-65 复制效果 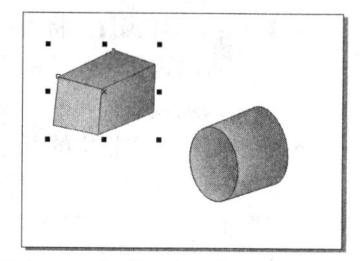　　图7-66 修改原对象时新对象不改变

2. 上机试用克隆效果命令

使用【克隆效果】命令

操作步骤

1 在页面中选择需要克隆的对象，如图 7-67 所示。
2 单击【效果】→【克隆效果】→【立体化自】命令，这时鼠标变为黑色箭头形状，在立体化对象上面单击，指定对象的效果就会克隆到选中的对象上，如图 7-68 所示。
3 克隆效果以后，对原对象再做修改时，新对象的效果属性就会自动跟着改变，如图 7-69 所示。

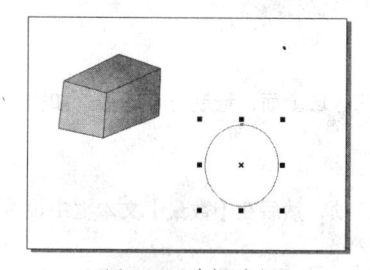

图7-67 选择对象 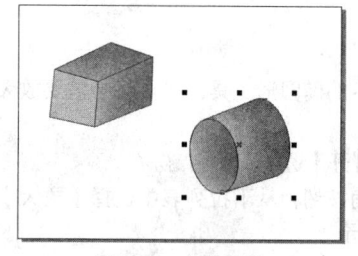　　图7-68 克隆效果 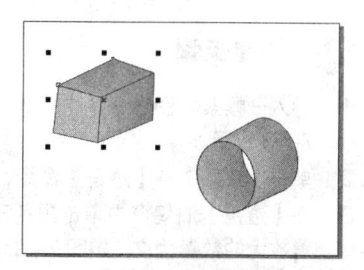　　图7-69 修改原对象时新对象将改变

在【克隆效果】和【复制效果】子菜单中其他命令的使用方法相同，这里不再赘述，请读者自行上机体验。

7.10 透镜命令

透镜效果用于改变透镜下方对象的显示方式，而不会改变对象的实际属性。透镜效果可用于任何矢量对象，也可以用于更改美术字和位图。应用了透镜效果之后，该透镜效果可以被复制，并应用于其他对象。

单击【效果】→【透镜】命令，弹出【透镜】泊坞窗，在【透镜】泊坞窗中单击黑三角下拉按钮，在下拉列表中提供了11种透镜类型，如图7-70所示。

图7-70　透镜类型

选项说明

- 【变亮】：使对象区域变亮和变暗，并设置亮度和暗度的比率。
- 【颜色添加】：模拟加色光线模型。透镜下的对象颜色与透镜的颜色相加，就像混合了光线的颜色。可以选择颜色和要添加的颜色量。
- 【色彩限度】：通过黑色和透过的透镜颜色查看对象区域。
- 【自定义彩色图】：将透镜下方对象区域的所有颜色改为介于指定的两种颜色之间的一种颜色。可以选择颜色范围的起始色和结束色，以及两种颜色之间的渐变。渐变在色谱中的路径可以是直线、向前或向后。
- 【鱼眼】：根据指定的百分比变形、放大或缩小透镜下方的对象。
- 【热图】：通过在透镜下方的对象区域中模仿颜色的冷暖度等级，来创建红外图像的效果。
- 【反显】：允许将透镜下方的颜色变为其CMYK互补色。互补色是色轮上互为相对的颜色。
- 【放大】：按指定的量放大对象上的某个区域。放大透镜覆盖原始对象的填充，使对象看起来是透明的。
- 【灰度浓淡】：将透镜下方对象区域的颜色变为其等值的灰度。该透镜对于创建深褐色色调效果特别有效。
- 【透明度】：可以使对象看起来像着色胶片或彩色玻璃。
- 【线框】：用所选的轮廓或填充色显示透镜下方的对象区域。

利用【透镜】泊坞窗可以为对象应用多种效果，并且可以利用【透镜】泊坞窗中的选项来调整透镜效果，以达到满意的要求。

使用【透镜】命令

所用素材：光盘\素材\第7章\台历.jpg

操作步骤

1. 导入一幅素材图像，单击工具箱中的椭圆形工具，在页面中需要放大的区域上面，绘制一个圆形，如图7-71所示。
2. 单击【效果】→【透镜】命令，打开【透镜】泊坞窗。
3. 在【透镜】泊坞窗中单击黑色三角按钮，从下拉列表中选择【放大】选项，然后在【数量】文本框中设置放大的数量为2，如图7-72所示。
4. 单击【应用】按钮，圆形后面的区域就会放大2倍，如图7-73所示。

图7-71　在要放大的区域绘制圆形 　　　图7-72　设置放大参数 　　　图7-73　放大所选区域

【透镜】泊坞窗中的其他选项用法类似，这里不再赘述，请读者自行上机体验。

> **注意**　不能将透镜效果直接应用于链接群组，比如调和的对象、立体化对象、勾划的对象、斜角修饰过的对象、阴影、段落文本或用艺术笔工具创建的对象。

7.11　添加透视命令

在 CorelDRAW X5 中，利用【添加透视】命令，可以改变图形的透视点，制作出三维效果。

使用【添加透视】命令

操作步骤

1. 选择需要添加透视点的对象，如图 7-74 所示。
2. 选择【效果】→【添加透视】命令，这时在对象四周会出现一个虚线外框和 4 个小黑点，如图 7-75 所示。
3. 拖拽其中的任何一个节点，如图 7-76 所示，即可制作出透视效果，如图 7-77 所示。

图7-74　选择对象

图7-75　添加透视后的对象 　　　图7-76　制作透视效果 　　　图7-77　透视效果

> **提示**　若想清除透视点，可单击【效果】→【清除透视点】命令。

7.12　上机实战

通过本章的学习，我们掌握了 CorelDRAW X5 中交互式效果的知识。下面通过制作几个实例，来进一步熟悉和掌握交互式效果的创建和操作技巧。

7.12.1 风俗画

本实例为制作风俗画，效果如图 7-78 所示。

图7-78 风俗画

制作风俗画

所用素材：光盘\素材\第7章\农家女.wmf
最终效果：光盘\效果\第7章\风俗画.cdr

操作步骤

1. 单击【文件】→【新建】命令，新建一个空白页面。
2. 选择工具箱中的【矩形】工具，按住【Ctrl】键的同时，在页面中绘制正方形，如图 7-79 所示。
3. 在调色板中用鼠标右键单击冰蓝色块，设置正方形的轮廓颜色为蓝色，如图 7-80 所示。
4. 在调色板中单击绿色色块，设置正方形的填充颜色为绿色，如图 7-81 所示。
5. 单击【Ctrl+C】组合键复制正方形到剪贴板中，单击【Ctrl+V】组合键贴粘正方形。
6. 在工具箱中选择【挑选】工具，按住【Shift】键的同时调整正方形四角的控制框，将复制得到的正方形进行缩小操作，如图 7-82 所示。

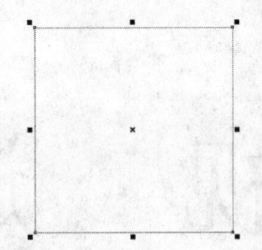

图7-79 绘制正方形　　图7-80 设置轮廓颜色　　图7-81 设置填充颜色　　图7-82 将正方形缩小

7. 确保选中缩小后的正方形，在调色板中单击白色色块，将缩小后的正方形填充为白色，效果如图 7-83 所示。
8. 在属性栏的【旋转角度】文本框中输入 90，按回车键将缩小后的正方形旋转 90°。
9. 在工具箱中选择【交互式调和工具】，然后在正方形上单击鼠标并拖拽，创建调和效果，如图 7-84 所示。

图7-83 填充正方形　　图7-84 创建调和效果

10 单击【文件】→【导入】命令，打开【导入】对话框，从中选择一幅素材图片，如图 7-85 所示。

图7-85 【导入】对话框

11 单击【导入】按钮，在绘图页面中单击以导入图片，并调整图片的位置，最终效果如图 7-78 所示。

7.12.2 海豚图

本实例为制作海豚图，效果如图 7-86 所示。

图7-86 海豚图

制作海豚图

所用素材：光盘\素材\第7章\海豚.wmf
最终效果：光盘\效果\第7章\海豚图.cdr

操作步骤

1 单击【文件】→【新建】命令，新建一个空白页面，设置页面为横向。
2 在工具箱中选择【钢笔】工具，然后在页面中绘制曲线，如图 7-87 所示。
3 选择工具箱中的【挑选】工具，选中页面中的曲线，单击【编辑】→【再制】命令，复制曲线，如图 7-88 所示。
4 利用挑选工具调整复制得到的曲线的位置，如图 7-89 所示。

5 利用挑选工具选中位于下面的一条曲线，从工具箱中选择【轮廓笔】按钮，弹出【轮廓笔】对话框，如图 7-90 所示。

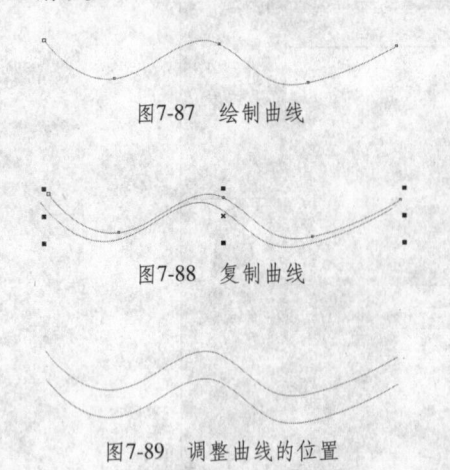

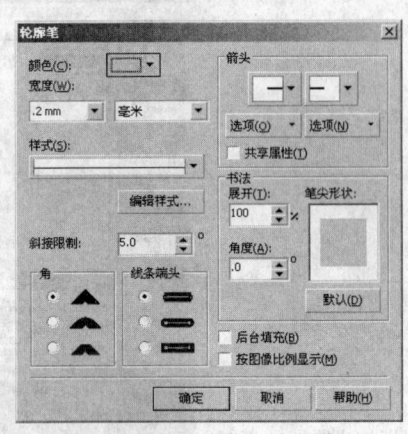

图 7-87 绘制曲线

图 7-88 复制曲线

图 7-89 调整曲线的位置

图 7-90 【轮廓笔】对话框

6 在【轮廓笔】对话框中的【颜色】下拉列表框中选择冰蓝，单击【确定】按钮，如图 7-91 所示。

7 按照步骤 5～步骤 6 的方法，将位于上面的曲线的颜色设为白色。

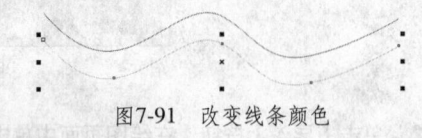

图 7-91 改变线条颜色

8 选择工具箱中的【交互式调和工具】，在属性栏的【调和对象】数值框中输入 50，如图 7-92 所示。然后在页面中单击蓝色的曲线不放，拖拽到白色的曲线上，创建调和效果，如图 7-93 所示。

图 7-92 设置调和效果

图 7-93 创建调和效果

9 利用挑选工具选中页面中的调和图形，单击【编辑】→【再制】命令，复制图形，如图 7-94 所示。
10 继续复制调和图形，并调整它们的位置，如图 7-95 所示。
11 单击【文件】→【导入】命令，打开【导入】对话框，在其中选择一个图形文件，如图 7-96 所示。

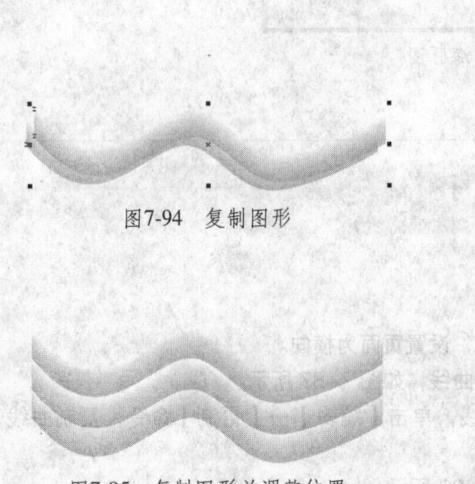

图 7-94 复制图形

图 7-95 复制图形并调整位置

图 7-96 【导入】对话框

12 单击【导入】按钮，在页面中单击并拖拽导入图形，如图 7-97 所示。

13 选择工具箱中的【文本】工具，在属性栏中设置合适的字体和字号，在页面中输入文字，得到最终效果，如图 7-86 所示。

图7-97 海豚图

7.12.3 邮票

本实例为制作邮票，效果如图 7-98 所示。

图7-98 邮票

制作邮票

所用素材：光盘\素材\第7章\土著.wmf
最终效果：光盘\效果\第7章\邮票.cdr

操作步骤

1 单击【文件】→【新建】命令，新建一个空白页面。

2 选择工具箱中的【矩形】工具，在页面中绘制矩形，如图 7-99 所示。

3 为了便于后面的操作，利用缩放工具将页面进行放大。选择工具箱中的【椭圆形】工具，按住【Ctrl】键的同时在页面中绘制正圆，如图 7-100 所示。

4 利用挑选工具将正圆移到合适的位置，如图 7-101 所示。

5 在页面中单击正圆并拖拽，然后单击鼠标右键复制正圆，如图 7-102 所示。

图7-99 绘制矩形

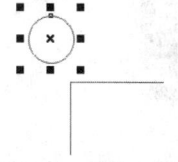

图7-100 绘制正圆 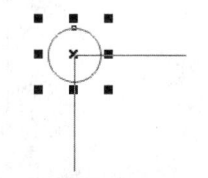　　图7-101 移动正圆的位置 　　图7-102 复制正圆

6 按照步骤 5 的操作，将正圆复制多个，如图 7-103 所示。

7 选择工具箱中的【交互式调和工具】，在属性栏中的【调和对象】数值框中输入 5，在页面中单击第一个圆

159

形不放,拖拽到第二个圆形,创建调和效果,如图7-104所示。

8 在属性栏的【调和对象】数值框中输入7,对左侧的圆形应用调和效果,如图7-105所示。

图7-103 复制多个正圆 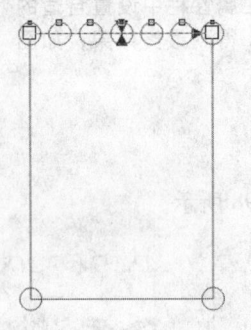　　　图7-104 创建调和效果 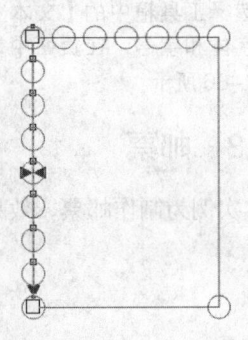　　　图7-105 应用调和效果

9 按照步骤7～步骤8的操作方法,对其余的圆形应用调和效果,如图7-106所示。

10 利用挑选工具选中调和后的图形,单击【排列】→【拆分调和群组】命令。再单击【排列】→【取消群组】命令。

11 利用挑选工具选择全部的圆,如图7-107所示。

12 单击【窗口】→【泊坞窗】→【造形】命令,弹出【造形】泊坞窗,在其中设置各参数,如图7-108所示。

图7-106 反复应用调和效果 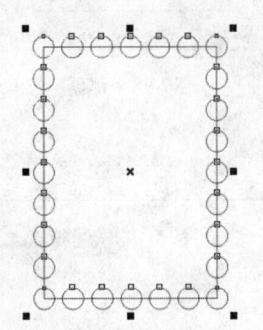　　　图7-107 选择全部的圆 　　　图7-108 【造形】泊坞窗

13 单击【修剪】按钮,效果如图7-109所示。

14 选择工具箱中的矩形工具,在页面中绘制矩形,如图7-110所示。

15 单击【文件】→【导入】命令,弹出【导入】对话框,选择一个图形文件,单击【导入】按钮,在页面中单击并拖拽导入图形,效果如图7-111所示。

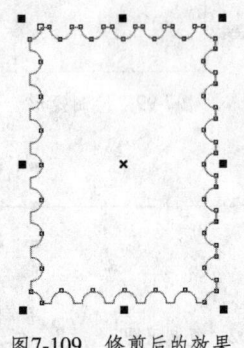

图7-109 修剪后的效果　　　图7-110 绘制矩形 　　　图7-111 导入图形

16 选择工具箱中的【文本】工具,在属性栏中设置适当的字体、字号,在页面中输入文字,并调整位置,效果如图7-98所示。

7.12.4 立体标志

本实例为制作立体标志，效果如图7-112所示。

图7-112 立体标志

制作立体标志

最终效果：光盘\效果\第7章\立体标志.cdr

操作步骤

1 单击【文件】→【新建】命令，新建一个空白页面。
2 单击【视图】→【网格】命令，单击【视图】→【对齐网格】命令，然后在页面中创建两条交叉的辅助线，如图7-113所示。
3 单击工具箱中的【椭圆形】工具，以辅助线的交叉点为圆心绘制正圆，如图7-114所示。
4 单击工具箱中的【挑选】工具，选中正圆，按下【Ctrl+C】组合键复制图形，按下【Ctrl+V】组合键粘贴图形。
5 继续利用挑选工具将复制得到的正圆等比例放大，如图7-115所示。

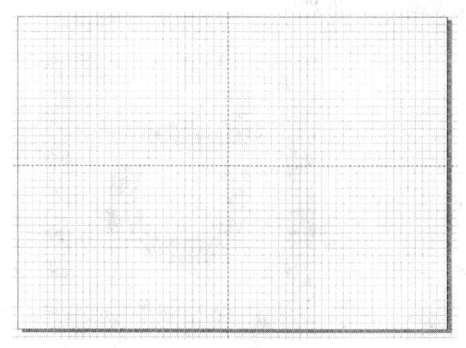

图7-113 创建辅助线 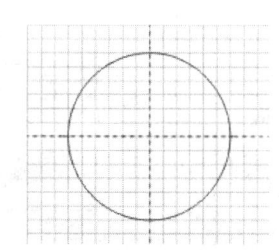　　图7-114 绘制正圆 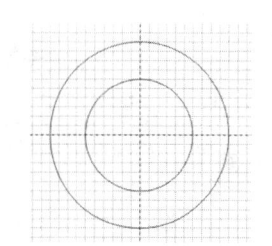　　图7-115 复制正圆并调整大小

6 利用挑选工具选中页面中全部的图形，然后单击属性栏中的【移除后面对象】按钮。
7 单击工具箱中的【矩形】工具，在页面中绘制矩形，如图7-116所示。
8 单击工具箱中的【挑选】工具，选中页面中的全部图形，然后单击属性栏中的【焊接】按钮，如图7-117所示。
9 利用挑选工具选中页面中的图形，按下【Ctrl+C】组合键复制图形，按下【Ctrl+V】组合键粘贴图形。
10 利用挑选工具单击复制得到的图形，然后移动旋转中心，如图7-118所示。

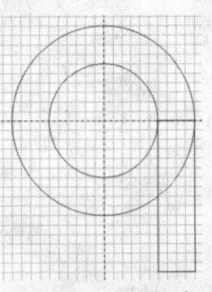

图7-116 绘制矩形 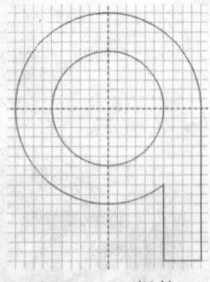　　　　　图7-117 焊接 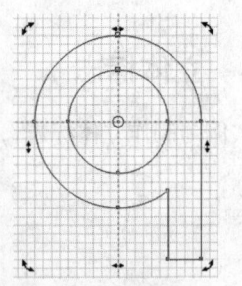　　　　　图7-118 移动旋转中心

11 利用挑选工具将图形旋转180°，如图7-119所示。
12 利用挑选工具选中页面中的全部图形，然后单击属性栏中的【焊接】按钮，如图7-120所示。
13 单击工具箱中的【矩形】工具，以辅助线的交叉点为中心绘制正方形，如图7-121所示。

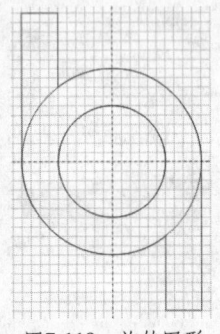

图7-119 旋转图形 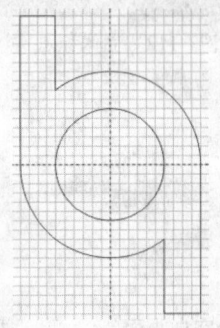　　　　　图7-120 焊接图形 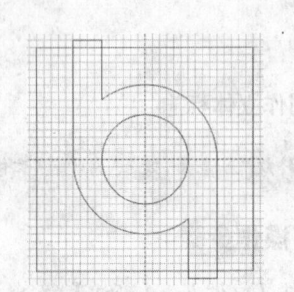　　　　　图7-121 绘制正方形

14 利用挑选工具选中页面中的正方形，单击【Ctrl+C】组合键复制图形，单击【Ctrl+V】组合键粘贴图形，然后放大正方形，如图7-122所示。
15 利用挑选工具选中两个矩形，然后单击属性栏中的【移除后面对象】按钮。
16 利用挑选工具选中页面中的全部图形，然后单击属性栏中的【焊接】按钮，如图7-123所示。
17 单击调色板中的色块，将页面中的图形填充为蓝色，并设置为无轮廓。
18 单击【视图】→【网格】命令，隐藏网格，并删除辅助线，如图7-124所示。

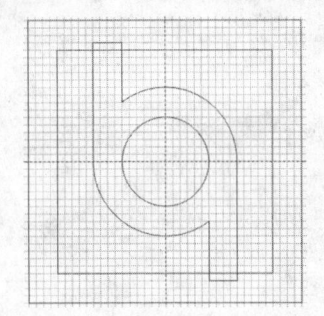

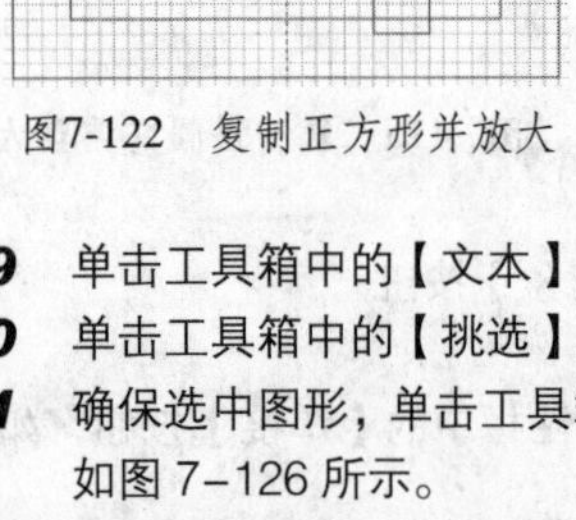

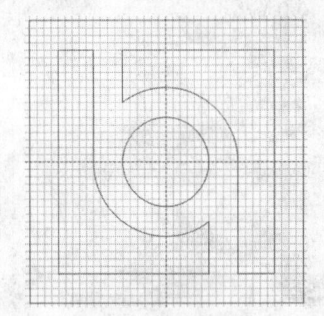

图7-122 复制正方形并放大 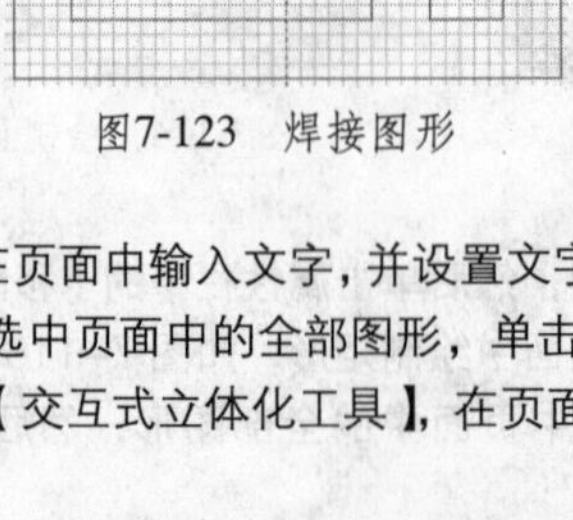　　　图7-123 焊接图形 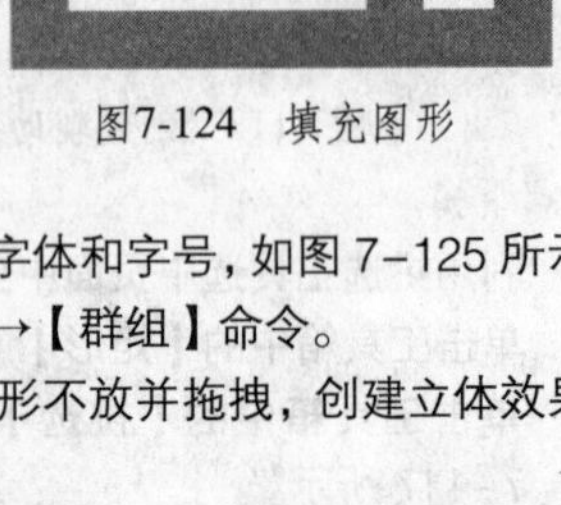　　　　　图7-124 填充图形

19 单击工具箱中的【文本】工具，在页面中输入文字，并设置文字的颜色、字体和字号，如图7-125所示。
20 单击工具箱中的【挑选】工具，选中页面中的全部图形，单击【排列】→【群组】命令。
21 确保选中图形，单击工具箱中的【交互式立体化工具】，在页面中单击图形不放并拖拽，创建立体效果，如图7-126所示。
22 单击【效果】→【立体化】命令，弹出【立体化】泊坞窗，从中单击【立体化颜色】按钮，然后单击【编辑】按钮，选中【纯色填充】单选按钮，在【使用】下拉列表框中选择黑色，如图7-127所示。

创建交互式效果 **第7章**

图7-125 输入文字　　　　图7-126 创建立体效果

23 单击【应用】按钮，效果如图 7-128 所示。

24 双击工具箱中的【矩形】工具，绘制一个与页面大小一样的矩形，然后在工具箱中选择【渐变填充】按钮，弹出【渐变填充】对话框，在【预设】下拉列表框中选择一种选项，如图 7-129 所示。

图7-127 【立体化】泊坞窗　　图7-128 调整立体化效果　　图7-129 【渐变填充】对话框

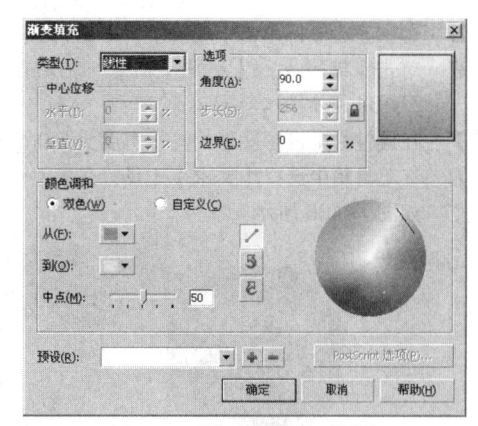

25 单击【确定】按钮，完成后的效果如图 7-112 所示。

7.12.5 指示牌

本实例为制作指示牌，效果如图 7-130 所示。

图7-130 指示牌

制作指示牌

最终效果：光盘\效果\第7章\指示牌.cdr

操作步骤

1 单击【文件】→【新建】命令，新建一个空白页面，在属性栏中设置页面为横向。

163

2 在工具箱中选择【多边形】工具,在属性栏中的【点数或边数】数值框中输入8,在页面中绘制多边形,如图 7-131 所示。

3 利用挑选工具对多边形进行旋转操作,如图 7-132 所示。

4 在调色板中单击红色色块,将多边形填充为红色,如图 7-133 所示。

图7-131 绘制多边形　　　图7-132 旋转图形　　　图7-133 填充图形

5 选中多边形,单击【编辑】→【复制】命令,复制多边形。

6 单击【编辑】→【粘贴】命令,粘贴多边形,利用挑选工具将复制得到的多边形等比例缩小,如图 7-134 所示。

7 在属性栏中设置图形的轮廓宽度为 3.0mm,如图 7-135 所示。

8 在工具箱中选择【文本】工具,在属性栏中设置适当的字体和字号,在页面中单击鼠标左键并输入文字,如图 7-136 所示。

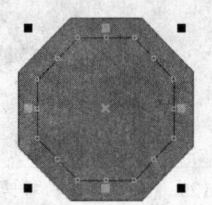

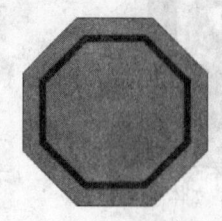

图7-134 复制并调整图形　　　图7-135 设置轮廓宽度　　　图7-136 输入文字

9 在工具箱中选择【矩形】工具,在页面中绘制矩形,并设置填充色和轮廓色,如图 7-137 所示。

10 将绘制的矩形移至多边形图形的下方,如图 7-138 所示。

11 选中页面中的全部图形,单击【排列】→【群组】命令,将其组合在一起。

12 在工具箱中选择交互式阴影工具,在页面中的图形上单击,按住鼠标左键并向右下角拖动一些距离,如图 7-139 所示。

图7-137 绘制矩形　　　图7-138 调整图形的位置　　　图7-139 创建阴影效果

13 单击【排列】→【拆分阴影群组】命令。

14 对拆分后的图形,利用挑选工具进行倾斜操作,如图 7-140 所示。

15 利用挑选工具对图形进行倾斜缩小操作，并调整位置，如图 7-141 所示。

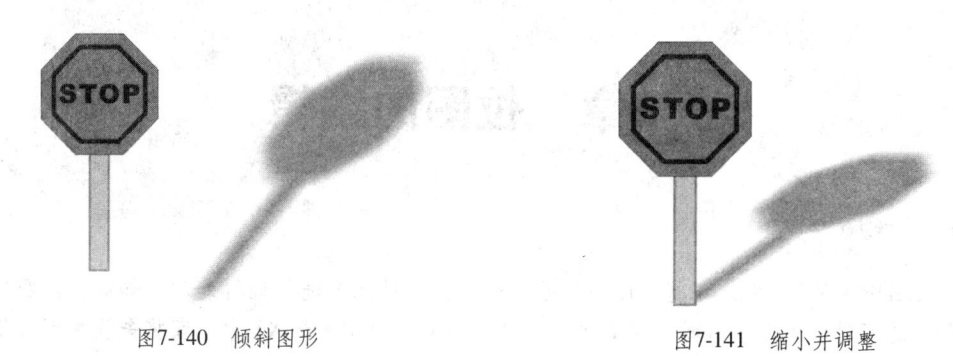

图7-140　倾斜图形　　　　　　　　　　　　图7-141　缩小并调整

16 在工具箱中双击【矩形】工具，创建一个和页面一样大小的矩形。
17 在工具箱中选择【底纹填充】按钮，在弹出的【底纹填充】对话框中选择要填充的底纹样式，单击【确定】按钮，得到最终效果，如图 7-130 所示。

7.13　本章小结

　　本章以 7 种交互式效果为主要内容，不仅介绍了每种效果的特点和作用，还配以大量的图示将这些效果的制作方法及修改方法进行了说明。最后讲述了利用透镜、透视的功能，为对象应用多种多样的效果。利用这些交互式效果，用户可以制作出精彩、别致的平面作品。

7.14　习题

1. 填空题

（1）在 CorelDRAW X5 的工具箱中，提供了多种用于制作交互式效果的工具，这些工具既可以应用于_____，也可应用于_____。
（2）利用工具箱中的交互式调和工具，可在两个对象之间创建_____与_____的渐变效果。
（3）利用交互式变形工具，可对图形进行变形操作，包括 3 种变形类型：_____、_____、_____。

2. 问答题

（1）交互式轮廓图工具能创建出什么样的交互效果？
（2）利用交互式立体化工具创建矢量立体模型之后，还可以为立体模型添加些什么效果？

3. 上机题

（1）上机为对象创建交互式调和效果。
（2）上机为对象创建交互式阴影效果。
（3）上机为对象创建交互式立体效果。

第8章　位图的编辑

内容提要

在CorelDRAW X5中，可将位图图像导入进来，并对位图进行编辑处理，如调整位图的颜色与色调等，还可对位图应用各种滤镜效果。另外，在CorelDRAW X5中，可将矢量图形转换成位图图像，也可将位图图像转换成矢量图形。

8.1　导入位图

在CorelDRAW X5中，可以将位图导入到当前绘图窗口中。

导入位图

所用素材：光盘\素材\第8章\小屋.jpg

操作步骤

1. 新建一个空白文件。单击【文件】→【导入】命令，在弹出的【导入】对话框中选择一幅图像，如图8-1所示。
2. 单击【导入】按钮，在页面中单击鼠标不放并拖拽，即可导入位图，如图8-2所示。

图8-1　【导入】对话框　　　　　　　　图8-2　导入位图

8.2　裁切位图

对于导入到CorelDRAW X5中的位图，根据需要可对位图进行裁切。位图的轮廓线是曲线，所以可以使用形状工具拖动位图轮廓上的节点进行调整。

166

裁切位图

所用素材：光盘\素材\第8章\海景.jpg

操作步骤

1. 导入需要裁切的位置图并选中位图，如图8-3所示。
2. 单击工具箱中的形状工具，单击位图，位图轮廓上出现节点，如图8-4所示。

图8-3 选择位图 　　　　图8-4 出现节点

3. 在节点上按住鼠标不放并拖拽，对位图进行调整，如图8-5所示，调整位图后的效果如图8-6所示。

图8-5 调整节点 　　　　图8-6 裁剪后的位图

8.3 矢量图形转换为位图

在CorelDRAW X5中，有些功能是专门为位图设置的，矢量图形和文本不能应用这些功能，因此有必要将矢量图形转换为位图。

将矢量图形转换为位图

所用素材：光盘\素材\第8章\美味咖啡.cdr

操作步骤

1. 选择要转换为位图的矢量图形，如图8-7所示。
2. 单击【位图】→【转换为位图】命令，弹出【转换为位图】对话框，如图8-8所示。

选项说明

- 【分辨率】下拉列表框：打开该下拉列表框，从中可以选择所需要的分辨率，如图8-9所示。
- 【颜色模式】下拉列表框：打开该下拉列表框，从中可以选择颜色模式，如图8-10所示。

167

中文版CoreIDRAW X5经典教程

图8-7 选择矢量图形 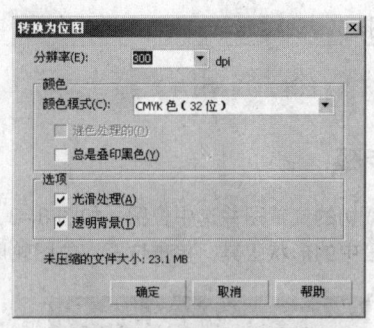　　　　　　　图8-8 【转换为位图】对话框

- 【光滑处理】复选框：选中该复选框后，可使图形在转换的过程中消除锯齿。
- 【透明背景】复选框：选择该复选框后，可以使转换后的位图背景透明。

3　单击【确定】按钮，矢量图形即可转换为位图，如图8-11所示。

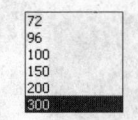

图8-9 选择分辨率 　　　图8-10 选择颜色模式 　　　图8-11 转换为位图后的效果

8.4 位图转换为矢量图形

在CoreIDRAW X5中，除了可以将矢量图形转换为位图外，还可以将位图转换为矢量图形。

将位图转换为矢量图形

所用素材：光盘\素材\第8章\南瓜.bmp

操作步骤

1　在文档中导入要转换为矢量图形的位图，如图8-12所示。
2　确保选中位图。单击【位图】→【快速描摹】命令，即可将位图转换为矢量图形，效果如图8-13所示。

图8-12 打开位图 　　　　　　　　图8-13 转换为矢量图后的效果

8.5 改变位图的色彩模式

位图图像有多种色彩模式，颜色模式定义了位图图像的颜色特征。比如，CMYK颜色模式由

青色、品红色、黄色和黑色值组成，RGB 颜色模式由红色、绿色和蓝色值组成。

不同的应用环境，需要使用不同的色彩模式。在 CorelDRAW X5 的【位图】→【模式】子菜单中提供了多个命令，如图 8-14 所示，通过这些命令，可以改变位图图像的色彩模式。

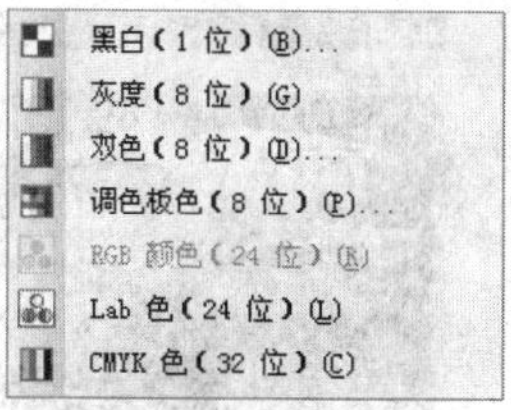

图 8-14 【模式】子菜单

8.5.1 改变颜色模式为灰度

将颜色模式改变为灰度

所用素材：光盘\素材\第 8 章\印度美女.jpg

操作步骤

1 在文档中导入一幅位图，如图 8-15 所示。
2 确保选中位图，单击【位图】→【模式】→【灰度（8 位）】命令，所选位图即改变为灰度模式，如图 8-16 所示。

图 8-15 选择位图 　　　　　　图 8-16 灰度模式

8.5.2 改变颜色模式为双色调

将颜色模式改变为双色调

所用素材：光盘\素材\第 8 章\古董车.jpg

操作步骤

1 在文档中导入一幅位图，如图 8-17 所示。
2 确保选中位图，单击【位图】→【模式】→【双色（8 位）】命令，将弹出【双色调】对话框，如图 8-18 所示。
3 从【类型】下拉列表框中选择【双色调】选项，单击【预览】按钮，预览调整后的效果，如图 8-19 所示。
4 单击【确定】按钮，得到双色调模式的位图，如图 8-20 所示。

图 8-17 导入位图

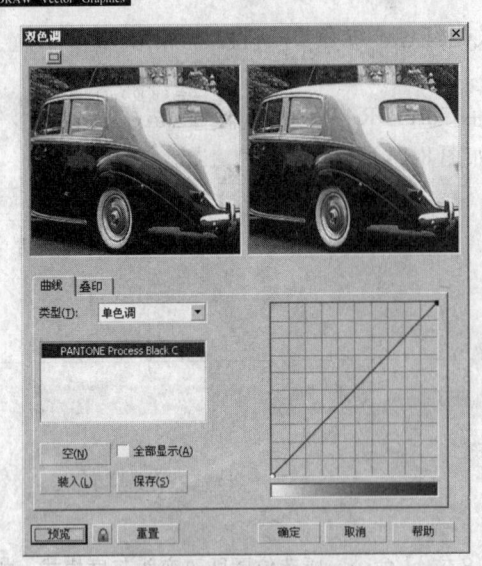

图8-18 【双色调】对话框　　　　　　　　　图8-19　设置选项

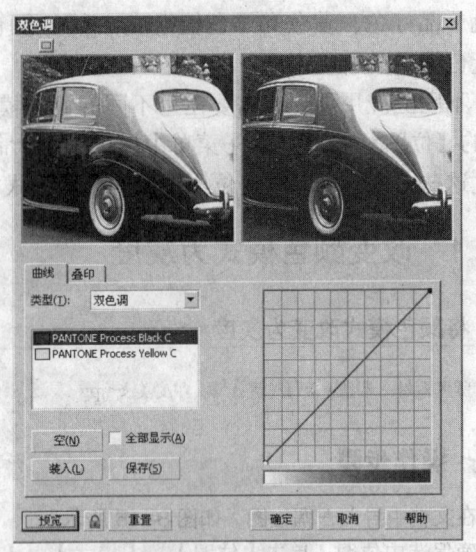

图8-20　双色调模式的位图

8.6　位图色彩的调整和变换

在 CorelDRAW X5 中，通过色彩的调整与变换，可以轻松地调节颜色的色阶变化、色彩平衡度以及颜色的反转和极色化等。

8.6.1　调整位图的色彩

利用 CorelDRAW X5 的【效果】→【调整】子菜单中的命令，可调整位图图像的颜色和色调，包括亮度/对比度/强度、颜色平衡、替换颜色等，如图 8-21 所示。

1．亮度/对比度/强度

利用【亮度/对比度/强度】命令，可以调整位图的亮度、对比度和强度。

图8-21　【调整】子菜单

调整亮度/对比度/强度

所用素材：光盘\素材\第8章\小镇.jpg

操作步骤

1 在文档中导入一幅位图，如图8-22所示。

2 确保选中位图，单击【效果】→【调整】→【亮度/对比度/强度】命令，弹出【亮度/对比度/强度】对话框，如图8-23所示。

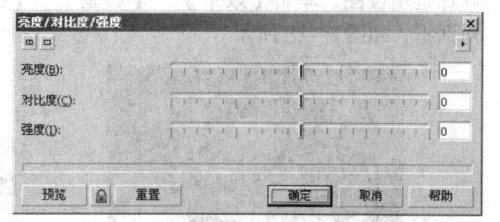

图8-22　导入位图　　　　　　　　　　图8-23　【亮度/对比度/强度】对话框

3 单击该对话框左边的【双窗口】按钮，展开窗口预览图像，如图8-24所示。

4 调整【亮度】、【对比度】和【强度】的数值，单击【预览】按钮，一边调整一边预览，直至满意为止，如图8-25所示。

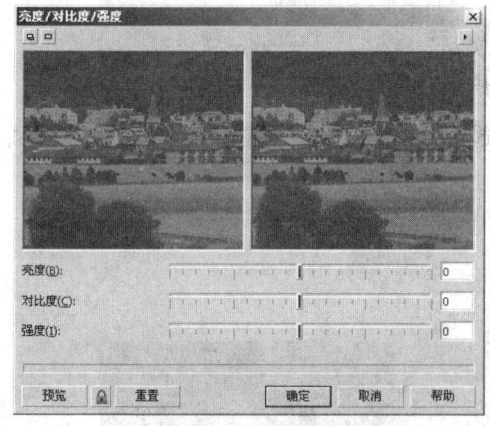

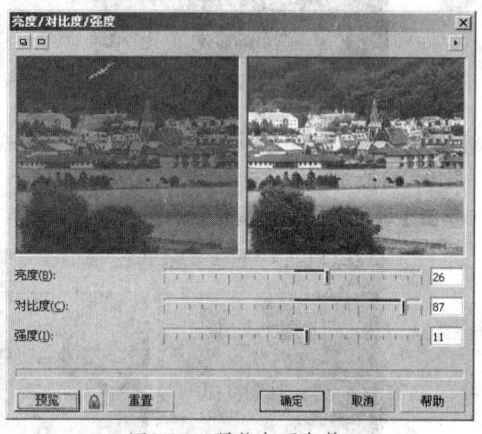

图8-24　双窗口模式　　　　　　　　　图8-25　调整各项参数

5 单击【确定】按钮，调整后的效果如图8-26所示。

图8-26　调整后的位图效果

2. 色度/饱和度/亮度

利用【色度/饱和度/亮度】命令，可以将位图的色彩调整到平衡的效果。

中文版CoreIDRAW X5经典教程

调整色度/饱和度/亮度

所用素材：光盘\素材\第8章\外国人.jpg

操作步骤

1. 在文档中导入一幅位图，如图8-27所示。
2. 确保选中位图，单击【效果】→【调整】→【色度/饱和度/亮度】命令，弹出【色度/饱和度/亮度】对话框，如图8-28所示。

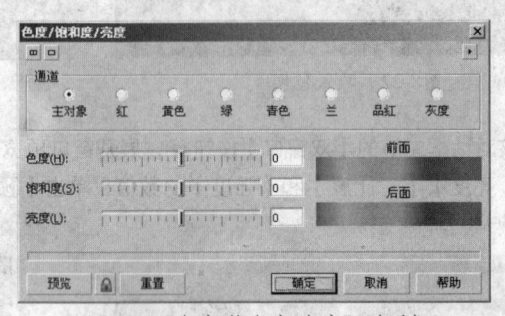

图8-27 选择位图　　　　图8-28 【色度/饱和度/亮度】对话框

3. 【双窗口】按钮，展开窗口预览图像。从中设置各选项，单击【预览】按钮，预览调整后的效果，如图8-29所示。
4. 单击【确定】按钮，调整后的图像效果如图8-30所示。

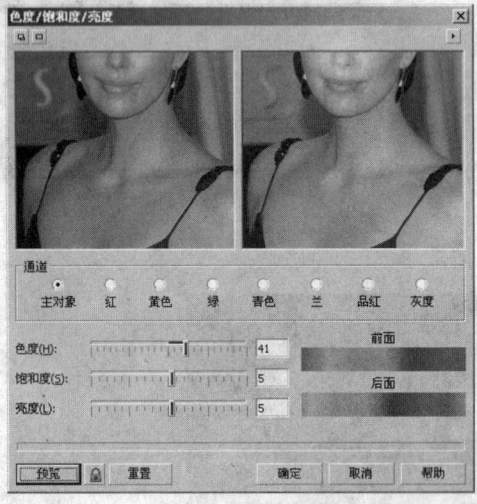

图8-29 调整参数　　　　图8-30 调整后的图像效果

3. 替换颜色

利用【替换颜色】命令，可以将位图中原有的颜色替代为新色彩。

替换位图的颜色

所用素材：光盘\素材\第8章\游泳圈.jpg

操作步骤

1. 在文档中导入一幅位图，如图 8-31 所示。
2. 确保选中位图，单击【效果】→【调整】→【替换颜色】命令，弹出【替换颜色】对话框。
3. 在【新建颜色】下拉列表框中选择一种颜色（这里为蓝色），如图 8-32 所示。
4. 单击【预览】按钮，预览调整后的效果。
5. 单击【确定】按钮，调整后的效果如图 8-33 所示。

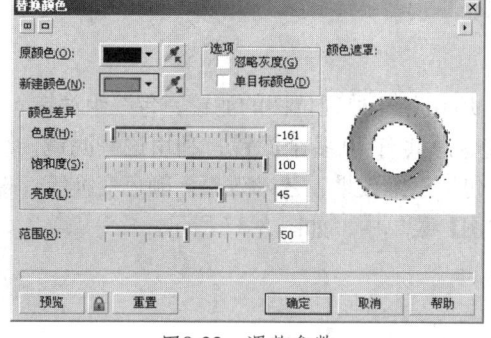

图 8-31　导入位图　　　　　　　　图 8-32　调整参数　　　　　　　　图 8-33　替换颜色后的效果

8.6.2　变换位图的色彩

在 CorelDRAW 中，可以变换位图的颜色和色调，从而产生特殊效果。例如，可以创建摄影负片效果的位图等。变换位图的颜色和色调的命令位于【效果】→【变换】子菜单中，如图 8-34 所示。

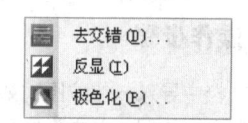

图 8-34　【效果】→【变换】子菜单

下面以【反显】命令为例，介绍改变位图色调的方法。【反显】命令的作用是反相显示位图的颜色，以得到摄影负片的效果。

变换位图的色彩

所用素材：光盘\素材\第 8 章\照片.jpg

操作步骤

1. 打开一幅位图，如图 8-35 所示。
2. 确保选中位图，单击【效果】→【变换】→【反显】命令，反显后的位图效果如图 8-36 所示。

图 8-35　打开位图　　　　　　　　图 8-36　位图的反显效果

8.7 滤镜

在 CorelDRAW X5 中，利用滤镜可以对位图应用三维效果和艺术效果等多种特殊效果。另外，还可以在 CorelDRAW X5 中添加外挂滤镜，得到更多的特殊效果。

8.7.1 滤镜简介

CorelDRAW X5 提供了 10 组用于处理位图的滤镜，每一组滤镜又包括多个不同效果的滤镜，总共有 70 多个滤镜。利用这些滤镜，可以对位图应用特殊效果，包括三维效果、艺术效果、颜色变换等。所有的滤镜命令都位于【位图】菜单中，如图 8-37 所示。

图 8-37 【位图】菜单中的滤镜

8.7.2 滤镜的使用

为位图添加滤镜效果

所用素材：光盘\素材\第 8 章\画.jpg

操作步骤

1. 在文档中导入一幅位图，如图 8-38 所示。
2. 确保选中位图，单击【位图】→【三维效果】→【卷页】命令，弹出【卷页】对话框，在其中设置参数，如图 8-39 所示。
3. 单击【预览】按钮，查看滤镜效果。
4. 单击【确定】按钮，应用滤镜后效果如图 8-40 所示。

图 8-38 选择图片　　　　图 8-39 【卷页】对话框　　　　图 8-40 应用滤镜后的效果

8.7.3 添加外挂滤镜

根据需要，可在 CorelDRAW X5 中添加更多的外挂滤镜。

为位图添加外挂滤镜

操作步骤

1. 单击【工具】→【选项】命令，弹出【选项】对话框，如图 8-41 所示。

2 在左边的列表框中，展开【工作区】选项列表，单击【插件】选项，如图8-42所示。

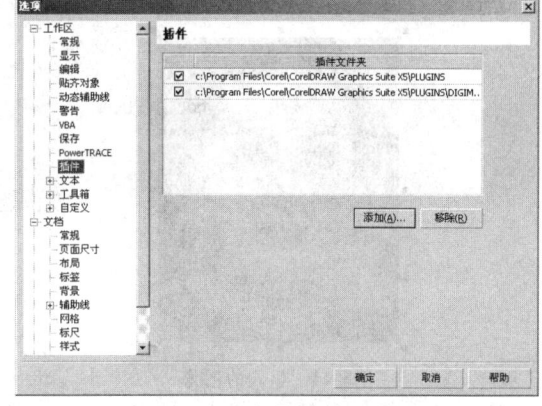

图8-41 【选项】对话框　　　　　　　　图8-42 【插件】选项区

3 单击【添加】按钮，从弹出的对话框中选择包含插件的文件夹，单击【确定】按钮即可。

8.8 上机实战

通过本章的学习，我们掌握了 CorelDRAW X5 中位图的操作与处理。下面通过 5 个完整的实例制作，来进一步熟悉和掌握位图操作与处理的技能与技巧。

8.8.1 制作边框

本实例为制作边框，效果如图 8-43 所示。

图8-43 边框效果

制作边框

所用素材：光盘\素材\第 8 章\印度美女 2.jpg、镜框 .jpg

最终效果：光盘\效果\第 8 章\边框效果 .cdr

操作步骤

1 单击【文件】→【新建】命令，新建一个空白页面。
2 单击【文件】→【导入】命令，在打开的【导入】对话框中选择一个图片文件，单击【导入】按钮，将图片导入到页面中，如图 8-44 所示。

3. 确保选中页面中的图像，单击【位图】→【创造性】→【框架】命令，弹出【框架】对话框，如图8-45所示。

图8-44 导入的图像　　　　　图8-45 【框架】对话框

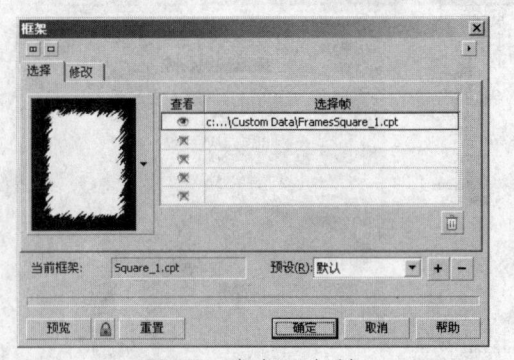

4. 在【框架】对话框中单击【修改】选项卡，在【缩放】选项区中设置【水平】和【垂直】值均为130（如图8-46所示），单击【确定】按钮，得到的效果如图8-47所示。

5. 单击【文件】→【导入】命令，在打开的【导入】对话框中选择一个图片文件，单击【导入】按钮，将图片导入到页面中，如图8-48所示。

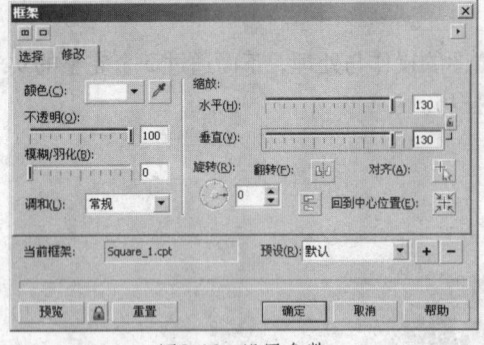

图8-46 设置参数　　　图8-47 应用【框架】滤镜后的效果　　　图8-48 导入的图像

6. 单击【排列】→【顺序】→【到页面后面】命令，然后对页面中图像的大小及位置进行调整，得到的最终效果如图8-43所示。

8.8.2 下雨效果

本实例为制作下雨效果，如图8-49所示。

图8-49 下雨效果

第8章 位图的编辑

制作下雨效果

所用素材：光盘\素材\第8章\街头.jpg
最终效果：光盘\效果\第8章\下雨效果.cdr

操作步骤

1. 单击【文件】→【新建】命令，新建一个空白页面，在属性栏中设置页面为横向。
2. 单击【文件】→【导入】命令，在打开的【导入】对话框中选择一幅素材图像，单击【导入】按钮，将图像导入到页面中，并调整大小与位置，效果如图8-50所示。
3. 单击【位图】→【创造性】→【天气】命令，在弹出的【天气】对话框中设置参数，如图8-51所示。
4. 单击【确定】按钮，效果如图8-52所示。

图8-50　导入图片

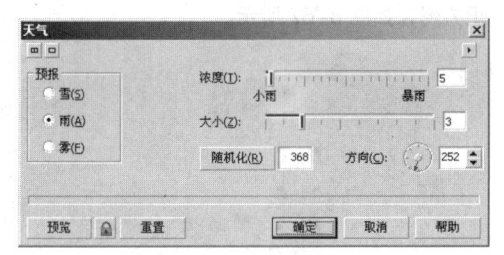

图8-51　【天气】对话框

图8-52　应用【天气】滤镜后的效果

5. 选择工具箱中的【矩形】工具，在页面中绘制一个正方形，如图8-53所示。
6. 确保选中正方形，单击【排列】→【顺序】→【到页面后面】命令。
7. 在工具箱中选择【渐变填充】按钮，在弹出的【渐变填充】对话框的【预设】下拉列表框中选择【正方形-彩虹色】选项，在【角度】数值框中输入0，如图8-54所示。

图8-53　绘制正方形

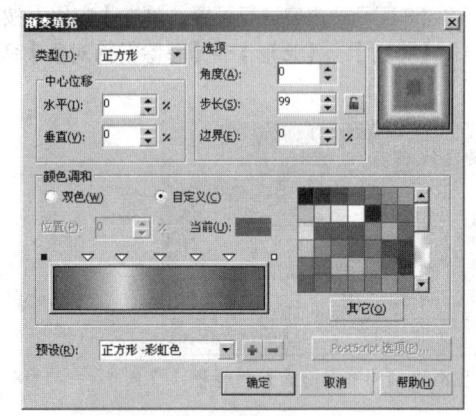

图8-54　【渐变填充】对话框

8. 单击【确定】按钮，最终效果如图8-49所示。至此，本实例制作完毕。

8.8.3　制作古钱币

本实例为制作古钱币，效果如图8-55所示。

177

中文版CorelDRAW X5经典教程

图8-55 古钱币

制作古钱币

最终效果：光盘\效果\第8章\钱币.cdr

操作步骤

1. 单击【文件】→【新建】命令，新建一个空白页面。
2. 选择工具箱中的【椭圆形】工具，单击【Shift+Ctrl】组合键，在页面中绘制一个正圆形，如图8-56所示。
3. 选择工具箱中的【矩形】工具，在页面中绘制一个正方形，如图8-57所示。

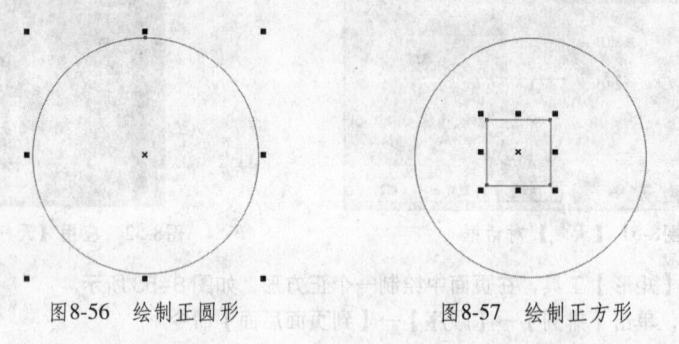

图8-56 绘制正圆形　　　图8-57 绘制正方形

4. 将圆形和矩形都选中，单击【排列】→【对齐与分布】命令，在弹出的【对齐与分布】对话框中按照如图8-58所示的内容进行设置，单击【应用】按钮，应用对齐效果，如图8-59所示。
5. 单击【排列】→【造形】→【移除前面对象】命令，得到的效果如图8-60所示。

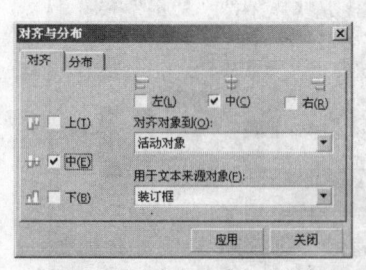

图8-58 【对齐与分布】对话框 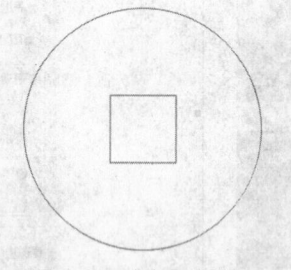　　图8-59 对齐后的效果 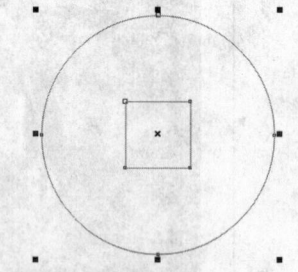　　图8-60 移除前面对象后的效果

6. 在工具箱中选择【轮廓笔】按钮，在弹出的【轮廓笔】对话框中设置轮廓的颜色和宽度，如图8-61所示，单击【确定】按钮，效果如图8-62所示。
7. 在工具箱中选择【图样填充】按钮，在弹出的【图样填充】对话框中按照如图8-63所示的内容进行设置，单击【确定】按钮，效果如图8-64所示。
8. 选择工具箱中的【文本】工具，在属性栏中设置合适的字体、字号，如图8-65所示。

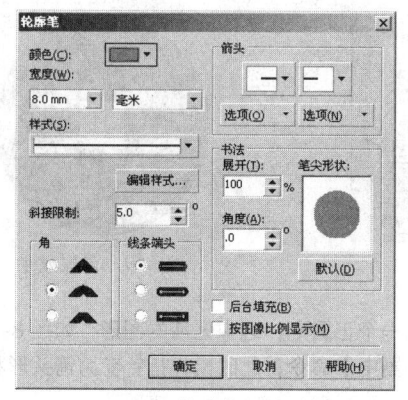

图8-61 【轮廓笔】对话框　　　　　　　图8-62 改变轮廓

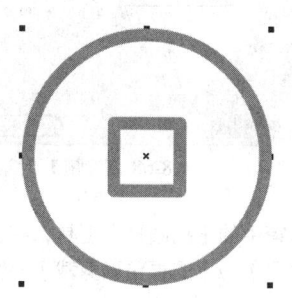

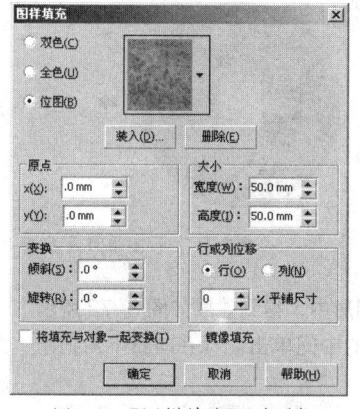

图8-63 【图样填充】对话框　　　　　　图8-64 图样填充效果

图8-65 设置文字属性

9　在页面中输入文字"道光通宝",如图 8–66 所示。
10　单击【编辑】→【全选】→【对象】命令,选中页面中的全部图形。
11　单击【排列】→【群组】命令,将图形组合在一起。
12　单击【位图】→【转换为位图】命令,在弹出的【转换为位图】对话框中按照如图 8–67 所示的参数进行设置,单击【确定】按钮。

图8-66 输入文字　　　　　　　　　　图8-67 【转换为位图】对话框

13　单击【位图】→【三维效果】→【浮雕】命令,在弹出的【浮雕】对话框中按照如图 8–68 所示的参数进行设置,单击【确定】按钮,效果如图 8–69 所示。

中文版CorelDRAW X5经典教程

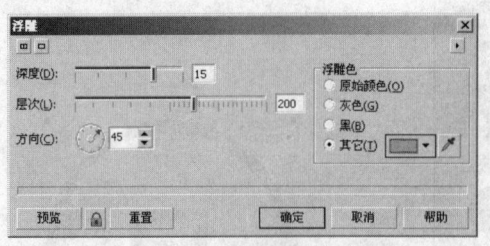

图8-68 【浮雕】对话框　　　图8-69 浮雕效果

14 选择工具箱中的【椭圆形】工具，在页面中绘制一个正圆形，选中先前的图形，如图8-70所示。

15 选择【效果】→【图框精确剪裁】→【放置在容器中】命令，此时鼠标指针变为箭头形状，如图8-71所示。

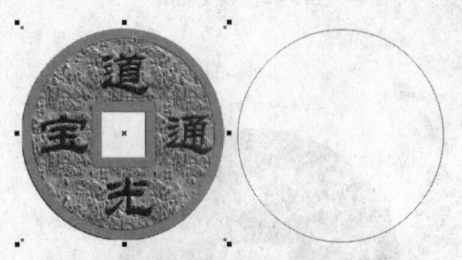

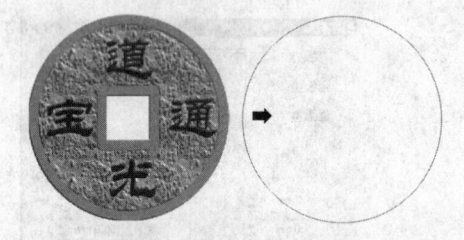

图8-70 绘制正圆形　　　图8-71 鼠标指针变为箭头

16 在正圆形上面单击鼠标，将钱币图形放置在正圆形图形中，得到效果如图8-72所示。

17 选择工具箱中的【交互式阴影工具】按钮，在图形的中间单击鼠标并向右下角拖动一些距离，为页面中的图形创建阴影效果，如图8-73所示。

图8-72 放置在容器中　　　图8-73 创建阴影

18 全选页面中的图形，单击【排列】→【拆分阴影群组】命令。

19 选择阴影图形，单击【窗口】→【泊坞窗】→【变换】→【倾斜】命令，在弹出的【转换】泊坞窗中按图8-74所示的内容进行设置。

20 单击【应用】按钮，倾斜图形后的效果如图8-75所示。

图8-74 设置倾斜参数　　　图8-75 对阴影进行倾斜调整

位图的编辑 第8章

21 对倾斜后的阴影进行缩小并调整位置，效果如图 8-55 所示。

8.8.4 梦幻人生效果

本实例为制作梦幻人生效果，如图 8-76 所示。

图8-76 梦幻人生

制作梦幻人生效果

所用素材：光盘\素材\第 8 章\模特 1.jpg、模特 2.jpg、模特 3.jpg

最终效果：光盘\效果\第 8 章\梦幻人生.cdr

操作步骤

1 单击【文件】→【导入】命令，在弹出的【导入】对话框中选择一幅素材图片，如图 8-77 所示。
2 单击【导入】按钮，将图形导入到页面中，如图 8-78 所示。

图8-77 【导入】对话框　　　　　图8-78 导入图片

3 单击【位图】→【创造性】→【虚光】命令，在弹出的【虚光】对话框中的【形状】选项区中选中【椭圆形】单选按钮，其他参数按照如图 8-79 所示的内容进行设置，单击【确定】按钮，虚光效果如图 8-80 所示。
4 单击【文件】→【导入】命令，导入第二幅图片到页面中，如图 8-81 所示。

181

图8-79 【虚光】对话框　　　　图8-80 虚光效果　　　　图8-81 导入图片

5. 单击【位图】→【创造性】→【虚光】命令，在弹出的【虚光】对话框中的【形状】选项区中选中【圆形】单选按钮，其他参数按照如图8-82所示的内容进行设置，单击【确定】按钮，得到的虚光效果如图8-83所示。

6. 单击【文件】→【导入】命令，导入第三幅图片到页面中，如图8-84所示。

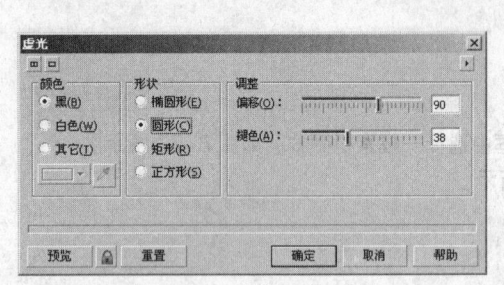

图8-82 【虚光】对话框　　　　图8-83 虚光效果　　　　图8-84 导入图片

7. 单击【位图】→【创造性】→【虚光】命令，在弹出的【虚光】对话框中的【形状】选项区中选中【矩形】单选按钮，其他参数按照如图8-85所示的内容进行设置，单击【确定】按钮，得到的虚光效果如图8-86所示。

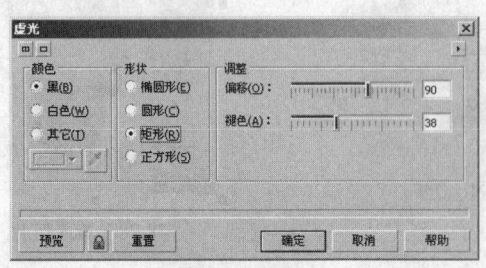

图8-85 【虚光】对话框　　　　图8-86 虚光效果

8. 对页面中的图片调整大小及位置，如图8-87所示。
9. 双击工具箱中的【矩形】工具，绘制一个和页面一样大小的矩形，并将矩形填充为黑色，如图8-88所示。

图8-87 调整图片的大小及位置　　　　　　图8-88 绘制矩形

10 单击工具箱中的【文本】工具，在属性栏中设置合适的字体、字号，在页面中输入文字，效果如图8-76所示。

8.8.5 底片效果

本实例为制作底片效果，如图8-89所示。

图8-89 底片效果

制作底片效果

所用素材：光盘\素材\第8章\风景 a.jpg、风景 b.jpg
最终效果：光盘\效果\第8章\底片效果.cdr

操作步骤

1 单击【文件】→【新建】命令，新建一个空白页面，在属性栏中设置页面为横向。

2 在工具箱中选择【矩形】工具，并在属性栏中设置【圆角半径】为4，如图8-90所示。

3 在页面中拖动鼠标绘制矩形，在调色板中单击白色色块，将矩形填充为白色，如图8-91所示。

4 选择页面中的图形，重复单击【编辑】→【复制】命令和【编辑】→【粘贴】命令，以便将页面中的图形复制多份（本例为6份），如图8-92所示。

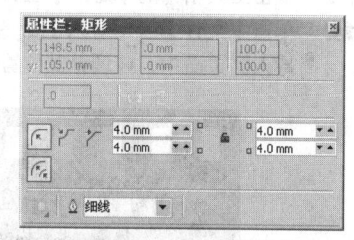

图8-90 设置边角圆滑度

图8-91 绘制矩形并填充为白色　　　　　　图8-92 复制图形

5 选中页面中的全部图形，单击【排列】→【对齐与分布】→【底端对齐】命令，对齐图形，如图8-93所示。

图8-93 底端对齐图形

6 单击【排列】→【对齐与分布】命令，在弹出的【对齐与分布】对话框中选中上方的【间距】复选框，如图8-94所示。

7 单击【应用】按钮，效果如图8-95所示。

8 选中页面中的全部图形，单击【排列】→【群组】命令，将其组合在一起。

9 单击【编辑】→【复制】命令，再单击【编辑】→【粘贴】命令，复制图形，并调整图形的位置，如图8-96所示。

10 选中页面中的全部图形，单击【排列】→【对齐与分布】→【左对齐】命令，效果如图8-97所示。

图8-94 【对齐与分布】对话框

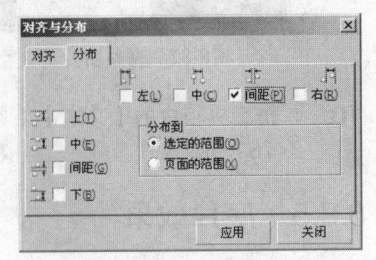

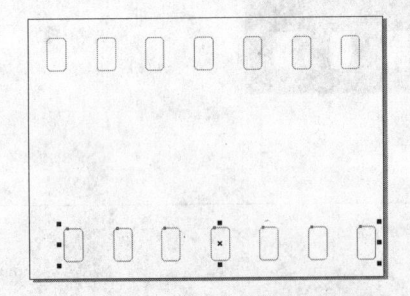

图8-95 对齐图形

图8-96 复制图形并调整位置

图8-97 对齐图形

11 双击工具箱中的【矩形】工具，创建一个和页面一样大小的矩形，并将其填充为黑色，如图8-98所示。

12 单击【文件】→【导入】命令，在【导入】对话框中选择一个图像文件，单击【导入】按钮，将图像导入到页面中，并调整其位置，如图8-99所示。

图8-98 创建矩形并填充

图8-99 导入素材图像

13 单击【位图】→【颜色转换】→【曝光】命令，在弹出的【曝光】对话框中设置【层次】为175（如

图 8-100 所示），单击【确定】按钮，效果如图 8-101 所示。

14 单击【文件】→【导入】命令，在【导入】对话框中选择另一个图像文件，单击【导入】按钮，将图像导入到页面中，并调整其位置，如图 8-102 所示。

图8-100 【曝光】对话框

图8-101 曝光效果

图8-102 导入素材图像

15 单击【位图】→【颜色转换】→【曝光】命令，在弹出的【曝光】对话框中设置【层次】为 175，得到的最终效果如图 8-89 所示。

8.9 本章小结

通过本章学习，读者可以学会在 CorelDRAW X5 中导入位图和裁切位图，以及将矢量图形与位图进行转换；为位图选择适当的色彩模式；对色彩不正常的图像进行调整等。

此外，利用几十种预设的滤镜，可以使位图变成各式各样特殊效果。对于 CorelDRAW X5 提供的七十多种滤镜，在掌握其使用方法的基础上，还要通过多做一些练习来了解这些滤镜的特点。

8.10 习题

1. 填空题

(1) 在 CorelDRAW X5 中，可将位图图像导入进来，并对位图进行_____。
(2) 在 CorelDRAW X5 中，可将_____转换成_____，也可将_____转换成_____。
(3) 在 CorelDRAW X5 中，通过色彩的调整与变换，可以轻松地调节颜色的_____、_____以及颜色的_____和_____等。

2. 问答题

(1) 利用【模式】子菜单中颜色模式命令，可以改变位图的什么？
(2) 利用 CorelDRAW X5 中的滤镜，可以对位图应用哪些特殊效果？

3. 上机题

(1) 在 CorelDRAW X5 中导入一幅位图。
(2) 将位图图转换为矢量图。
(3) 使用【滤镜】菜单中的命令，制作出卷页效果。

第9章 综合案例

内容提要

通过前面各章的学习，了解到CorelDRAW X5主要用于绘图与平面设计，并掌握了CorelDRAW X5图形绘制的基础知识与操作技能。本章给出了多个实用性综合案例，以帮助读者巩固所学的内容。

9.1 卡片设计

本节介绍卡片设计的方法与技巧。

9.1.1 贵宾卡

本实例设计的是一款七彩女子俱乐部的贵宾卡，效果如图9-1所示。

图9-1 贵宾卡

制作贵宾卡

所用素材：光盘\素材\第9章\女子.wmf
最终效果：光盘\效果\第9章\贵宾卡.cdr

操作步骤

1. 单击【文件】→【新建】命令，新建一个空白页面。
2. 选择工具箱中的【矩形】工具，在属性栏的【边角圆滑度】文本框中输入10，然后在页面中绘制圆角矩形，如图9-2所示。
3. 利用挑选工具选中圆角矩形，从工具箱中选择【渐变填充】按钮，弹出【渐变填充】对话框，从中设置渐变样式，如图9-3所示。
4. 单击【确定】按钮，填充后的效果如图9-4所示。
5. 利用【矩形】工具在页面中绘制矩形，如图9-5所示。
6. 确保选中矩形，从工具箱中选择【渐变填充】按钮，弹出【渐变填充】对话框，在【预设】下拉列表框中选择【96-测试图样】选项，如图9-6所示。
7. 单击【确定】按钮，填充后的效果如图9-7所示。

图9-2 绘制圆角矩形 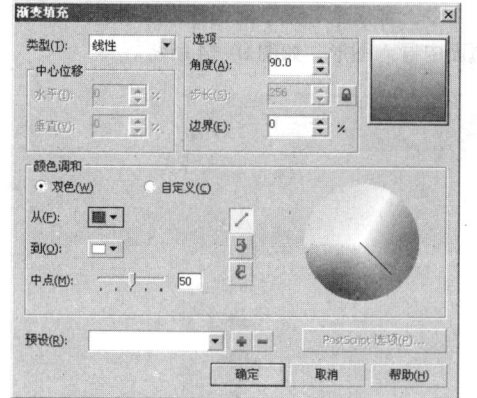 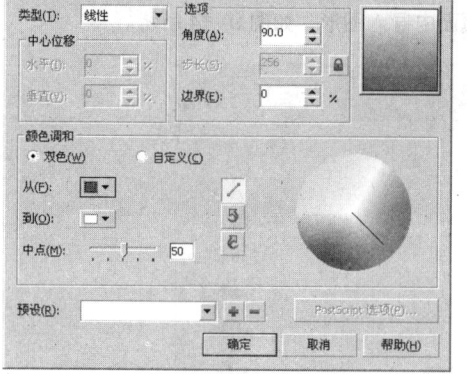　　　图9-3 【渐变填充】对话框　　　图9-4 渐变填充

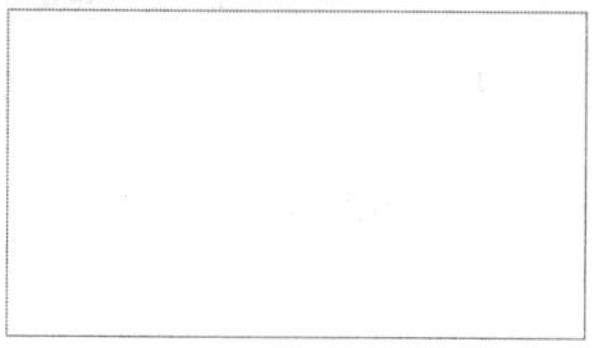

图9-5 绘制矩形 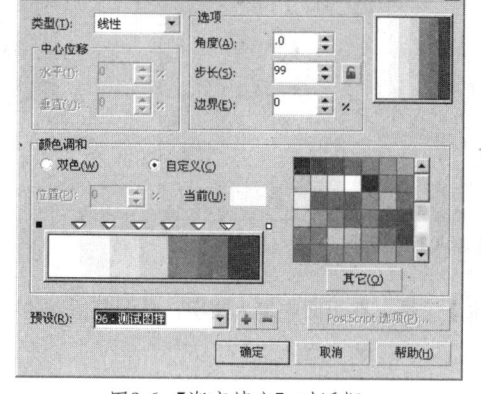　　　图9-6 【渐变填充】对话框 　　　图9-7 渐变填充

8 确保选中矩形，单击【效果】→【封套】命令，弹出【封套】泊坞窗，从中单击【添加预设】按钮，并选择封套样式，如图9-8所示。

9 单击【应用】按钮，得到的效果如图9-9所示。

10 选中封套处理后的图形，单击【效果】→【图框精确剪裁】→【放置在容器中】命令，然后单击页面中的圆角矩形，如图9-10所示。

11 用鼠标右键单击页面中的图形，在弹出的快捷菜单中单击【编辑内容】命令，然后调整图形的位置，如图9-11所示。

12 用鼠标右键单击页面中的图形，在弹出的快捷菜单中单击【结束编辑】命令，得到的效果如图9-12所示。

图9-8 【封套】泊坞窗 　　　图9-9 封套效果 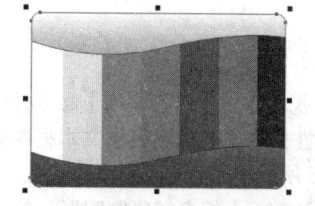　　　图9-10 图框精确剪裁 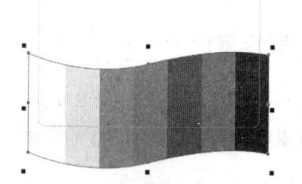　　　图9-11 调整图形位置 　　　图9-12 退出编辑状态

187

13 单击【文件】→【导入】命令,弹出【导入】对话框,从中选择一幅素材图形,如图9-13所示。
14 单击【导入】按钮,在页面中导入图形,如图9-14所示。

图9-13 【导入】对话框　　　　　图9-14 导入图形

15 选择工具箱中的【文本】工具,在页面中输入文字,并调整适当的字体和字号,如图9-1所示。

9.1.2 银行卡

本实例设计的是一款中国银行卡,如图9-15所示。

图9-15 银行卡

制作银行卡

所用素材:光盘\素材\第9章\中国银行.wmf、熊猫.wmf
最终效果:光盘\效果\第9章\银行卡.cdr

操作步骤

1 单击【文件】→【新建】命令,新建一个空白页面。
2 单击【视图】→【网格】命令,单击【视图】→【对齐网格】命令,然后在页面中创建两条交叉的辅助线。
3 选择工具箱中的【矩形】工具,在属性栏的【圆角半径】文本框中输入4,然后在页面中以辅助线的交叉点为中心绘制圆角矩形,如图9-16所示。
4 利用挑选工具选中圆角矩形,单击【Ctrl+C】组合键复制图形,单击【Ctrl+V】组合键粘贴图形,然后将复制得到的圆角矩形缩小，如图9-17所示。

5 在属性栏的【圆角半径】中输入0，如图9-18所示。

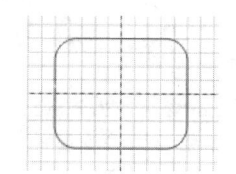

图9-16 绘制圆角矩形 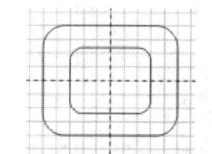　　　图9-17 复制圆角矩形并缩小 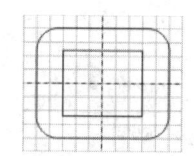　　　图9-18 调整矩形边角圆滑度

6 利用挑选工具选中页面中的全部图形，然后单击属性栏中的【移除前面对象】按钮。
7 利用矩形工具在页面中分别绘制两个矩形，如图9-19所示。
8 选中页面中的全部图形，单击属性栏中的【焊接】按钮，如图9-20所示。
9 选择工具箱中的【椭圆形】工具，在页面中以辅助线的交叉点为圆心绘制正圆，如图9-21所示。

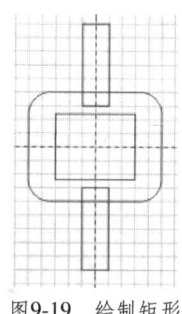

图9-19 绘制矩形 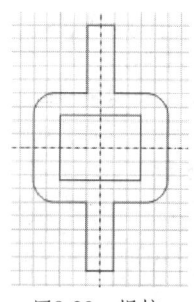　　　图9-20 焊接 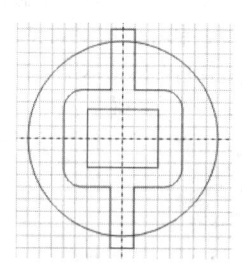　　　图9-21 绘制正圆

10 利用挑选工具选中正圆，单击【Ctrl+C】组合键复制图形，单击【Ctrl+V】组合键粘贴图形，然后将复制得到的正圆等比例放大，如图9-22所示。
11 利用挑选工具选中两个圆，单击属性栏中的【移除后面对象】按钮。
12 利用挑选工具选中页面中的全部图形，单击属性栏中的【焊接】按钮，如图9-23所示。
13 将图形填充为暗红色，并将轮廓设为无，如图9-24所示。

图9-22 复制正圆并放大 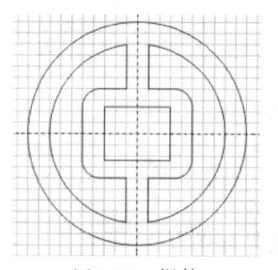　　　图9-23 焊接 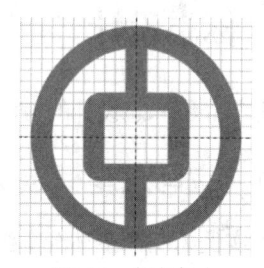　　　图9-24 银行标志

14 单击【视图】→【网格】命令，隐藏网格，并删除辅助线。
15 选择工具箱中的【矩形】工具，在属性栏的【圆角半径】文本框中输入10，在页面中绘制圆角矩形，如图9-25所示。
16 确保选中圆角矩形，从工具箱中选择【渐变填充】按钮，弹出【渐变填充】对话框，从中设置渐变样式，如图9-26所示。
17 单击【确定】按钮，填充图形，效果如图9-27所示。
18 将银行标志置于圆角矩形的左上角位置，并调整大小，如图9-28所示。

图9-25 绘制圆角矩形

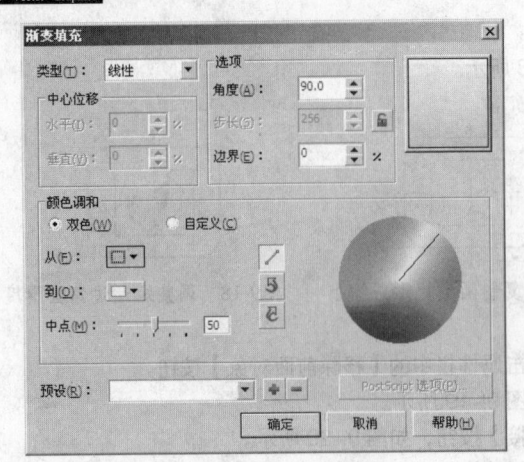

图9-26 【渐变填充】对话框

图9-27 渐变填充

图9-28 调整图形位置

19. 单击【文件】→【导入】命令，弹出【导入】对话框，从中选择第一幅素材图形，单击【导入】按钮，在页面中导入"中国银行"图形，如图9-29所示。
20. 选择工具箱中的文本工具在页面中输入文字，并设置适当的字体与字号，如图9-30所示。
21. 单击【文件】→【导入】命令，弹出【导入】对话框，从中选择第二幅素材图形，单击【导入】按钮，在页面中导入"熊猫"图形，如图9-31所示。

图9-29 导入图形

图9-30 输入文字

图9-31 导入图形

22. 利用文本工具在页面中输入文字，并设置适当的字体和字号，得到的最终效果如图9-15所示。

9.2 标志设计

本节介绍标志设计的方法与技巧。

9.2.1 宝马汽车标志

本实例为制作宝马汽车标志，效果如图9-32所示。

图9-32 宝马汽车标志

制作宝马汽车标志

最终效果：光盘\效果\第9章\汽车标志.cdr

操作步骤

1. 单击【文件】→【新建】命令，新建一个空白页面。
2. 在工具箱中选择【椭圆形】工具，按住【Ctrl】键的同时，在页面中拖动鼠标绘制一个正圆形，如图 9-33 所示。
3. 在调色板中单击海军蓝色块，设置矩形的填充颜色为海军蓝，如图 9-34 所示。
4. 确保选中正圆，单击【编辑】→【复制】命令，再单击【编辑】→【粘贴】命令，按住【Shift+Alt】组合键的同时调整圆形四角的控制点，将复制得到的图形等比例缩小，如图 9-35 所示。

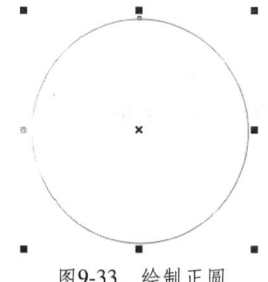

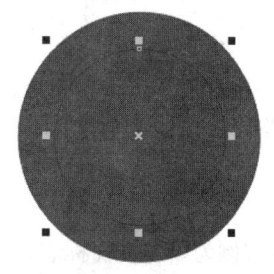

图9-33　绘制正圆　　　　图9-34　填充正圆　　　　图9-35　复制并缩小正圆

5. 在调色板中单击白色色块，设置填充颜色为白色，如图 9-36 所示。
6. 单击属性栏中的【饼图】按钮，将圆形设置为饼形，如图 9-37 所示。
7. 在属性栏中的【起始和结束角度】数值框中分别输入 0 和 90，得到的效果如图 9-38 所示。

图9-36　将正圆填充为白色　　　图9-37　设为饼形　　　　图9-38　调整图形

8. 单击【编辑】→【复制】命令，再单击【编辑】→【粘贴】命令，在属性栏中的【起始和结束角度】数值框中分别输入 90 和 180，设置填充颜色为天蓝色，如图 9-39 所示。
9. 单击【编辑】→【粘贴】命令，在属性栏中的【起始和结束角度】数值框中分别输入 180 和 270，设置填充颜色为白色，如图 9-40 所示。
10. 单击【编辑】→【粘贴】命令，在属性栏中的【起始和结束角度】数值框中分别输入 270 和 0，设置填充颜色为天蓝色，如图 9-41 所示。

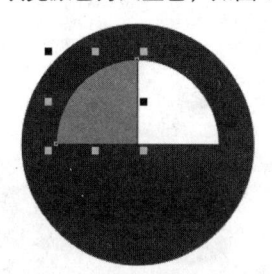

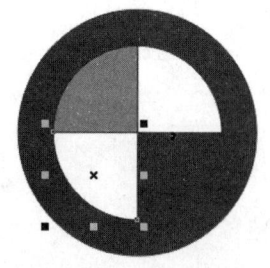

图9-39　复制并调整图形一　　　图9-40　复制并调整图形二　　　图9-41　复制并调整图形三

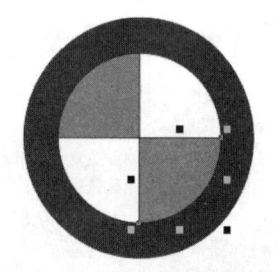

中文版CoreIDRAW X5经典教程

11 选择页面中左上角的四分之一图形，复制并粘贴，单击属性栏中的【弧形】按钮，在【起始和结束角度】数值框中分别输入30和150，创建弧形路径。

12 选择工具箱中的文本工具，在属性栏中设置适当的字体和字号（如图9-42所示），然后在页面中单击鼠标左键并输入文字，如图9-43所示。

图9-42 设置字体和字号　　　图9-43 输入文字

13 确保选中文字，单击【文本】→【使文本适合路径】命令，此时鼠标指针将变为黑色箭头形状，在弧形路径上单击鼠标左键使文本沿路径排列，然后设置文本颜色为白色，得到的最终效果如图9-32所示。

9.2.2 视窗标志

本实例为制作视窗标志，效果如图9-44所示。

图9-44 视窗标志

制作视窗标志

最终效果：光盘\效果\第9章\视窗标志.cdr

操作步骤

1 单击【文件】→【新建】命令，新建一个空白页面。

2 选择工具箱中的【椭圆形】工具，在属性栏中单击【弧形】按钮，在【起始和结束角度】数值框中分别输入30和150，然后在页面中绘制弧形，如图9-45所示。

3 将弧形复制多份，以供备用。

4 调整其中的两条弧形的位置，如图9-46所示。

图9-45 绘制弧形图　　　图9-46 调整图形的位置

192

5 利用挑选工具选中调整位置后的两条弧形，单击【排列】→【转换为曲线】命令。

6 单击【排列】→【连接曲线】命令，弹出【连接曲线】面板，从中设置各项参数，如图9-47所示。单击【应用】按钮，闭合路径，如图9-48所示。

7 复制图形，以供备用，并将一条弧形置于复制的图形中，如图9-49所示。

图9-47 【连接曲线】面板　　图9-48 闭合路径　　图9-49 调整图形的位置

8 选中放置在一起的图形，单击属性栏中的【修剪】按钮，然后单击【排列】→【拆分曲线】命令，并将多余的图形删除，如图9-50所示。

9 选择工具箱中的【折线】工具在页面中绘制线段，并调整它们的位置，如图9-51所示。

10 选中图形，单击属性栏中的【修剪】按钮，单击【排列】→【拆分曲线】命令，并将多余的图形删除，如图9-52所示。

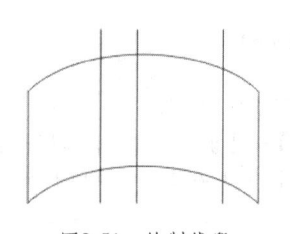

图9-50 修剪图形　　图9-51 绘制线段　　图9-52 修剪图形

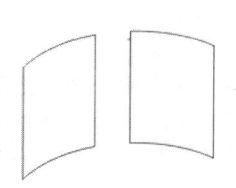

11 复制图形，并调整图形的位置，如图9-53所示。

12 将左上角的图形填充为红色，并将轮廓设为无，如图9-54所示。

13 用同样的方法将其余的图形分别填充为绿色、蓝色和黄色，并将轮廓设为无，如图9-55所示。

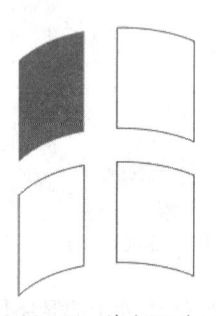

图9-53 复制图形　　图9-54 填充图形　　图9-55 填充全部图形

14 调整页面中图形的位置，如图9-56所示。

15 将位于下层的图形填充为黑色，如图9-57所示。

16 选择工具箱中的【矩形】工具在页面中绘制矩形，并填充为黑色，如图9-58所示。

图9-56 调整图形的位置　　图9-57 填充图形　　图9-58 绘制矩形

17　利用挑选工具对矩形进行倾斜操作，得到菱形效果，如图9-59所示。
18　复制菱形，并调整复制得到的图形的位置和大小，如图9-60所示。
19　选择工具箱中的交互式调和工具，在两个菱形之间创建调和效果，在属性栏的【调和对象】数值框中输入4，如图9-61所示。

图9-59 倾斜图形　　图9-60 复制并缩小图形　　图9-61 创建调和效果

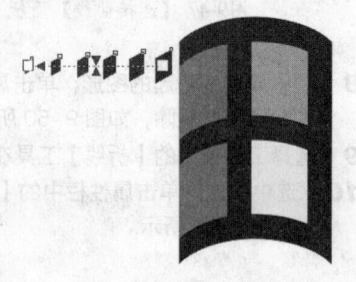

20　选择工具箱中的【椭圆形】工具在页面中绘制弧形，如图9-62所示。
21　确保选中调和效果，单击【效果】→【调和】命令，弹出【混合】泊坞窗，如图9-63所示。
22　单击【调和】泊坞窗中的【路径】按钮，在弹出的菜单中选择【新路径】选项，然后在页面中单击弧形，如图9-64所示。

图9-62 绘制弧形　　图9-63 【混合】泊坞窗　　图9-64 沿路径调和

23　选中调和效果，单击【排列】→【拆分路径群组上的混合】命令，利用挑选工具选中弧形，并将其删除，如图9-65所示。
24　将调和效果复制多份，并调整它们的位置，如图9-66所示。
25　将调和效果取消群组后，改变其中某些菱形的填充颜色，如图9-67所示。
26　利用工具箱中的【椭圆形】工具绘制正圆，并利用文本工具在正圆中输入字母"R"，调整它们的位置，得到最终效果，如图9-44所示。

图9-65 删除弧形　　　　　图9-66 复制图形　　　　　图9-67 填充图形

9.3 平面广告设计

本节介绍平面广告设计的方法与技巧。

9.3.1 手机广告

本实例为设计一幅手机平面广告，效果如图9-68所示。

图9-68 手机广告

制作手机平面广告

所用素材：光盘\素材\第9章\手机.cdr

最终效果：光盘\效果\第9章\手机广告.cdr

操作步骤

1. 单击【文件】→【新建】命令，新建一个空白页面。
2. 选择工具箱中的【3点椭圆形】工具，在页面中绘制椭圆，如图9-69所示。
3. 用鼠标单击椭圆不放并拖拽，然后单击鼠标右键，复制椭圆。
4. 将复制得到的椭圆缩小，并设置两个椭圆的轮廓颜色分别为蓝色和红色，如图9-70所示。
5. 单击工具箱中的【交互式调和工具】，在属性栏的【调和对象】文本框中输入20，然后在两个椭圆之间

图9-69 绘制椭圆

创建调和效果，如图 9-71 所示。

6 单击【效果】→【调和】命令，弹出【混合】泊坞窗，从中单击【调和加速】按钮，然后调整【加速对象】的参数，如图 9-72 所示。

7 单击【应用】按钮，效果如图 9-73 所示。

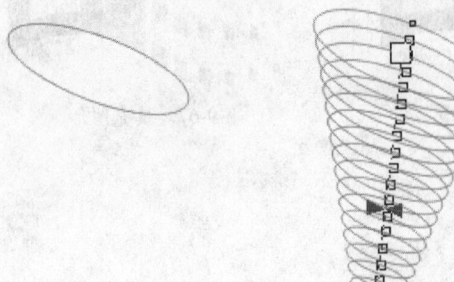

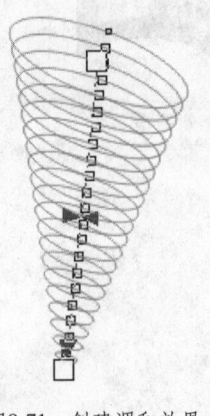

图9-70 复制椭圆并缩小　　图9-71 创建调和效果　　图9-72 【混合】泊坞窗　　图9-73 调整调和效果

8 利用【挑选】工具选中较大的椭圆，单击【Ctrl+C】组合键复制图形，单击【Ctrl+V】组合键粘贴图形，并将复制得到的椭圆放大，如图 9-74 所示。

9 单击工具箱中的【交互式调和工具】，在属性栏的【调和对象】文本框中输入 10，然后在较大的椭圆和最大的椭圆之间创建调和效果，如图 9-75 所示。

10 利用【挑选】工具选中页面中所有的图形，单击【排列】→【群组】命令。

11 双击工具箱中的【矩形】工具，绘制一个与页面一样大小的矩形，并填充为蓝色，如图 9-76 所示。

图9-74 复制椭圆并放大

图9-75 创建调和效果　　图9-76 绘制矩形

12 选中群组后的图形，单击【效果】→【图框精确剪裁】→【放置在容器中】命令，然后单击矩形，如图 9-77 所示。

13 用鼠标右键单击页面中的图形，在弹出的快捷菜单中单击【编辑内容】命令，然后调整图形的位置，如图 9-78 所示。

14 用鼠标右键单击页面中的图形，在弹出的快捷菜单中单击【结束编辑】命令，如图 9-79 所示。

综合案例 **第9章**

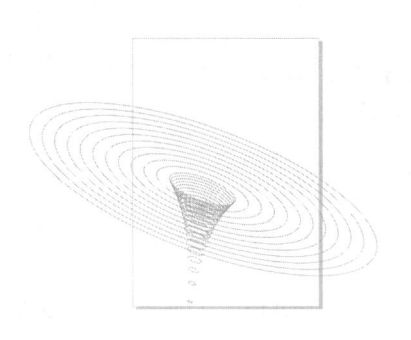

图9-77 图框精确剪裁　　　　　图9-78 调整位置　　　　　图9-79 退出编辑状态

15. 单击【文件】→【导入】命令，弹出【导入】对话框，从中选择一幅手机素材图形，单击【导入】按钮，在页面中导入手机图形，如图9-80所示。
16. 利用【挑选】工具对手机进行旋转操作，如图9-81所示。

图9-80 导入图形　　　　　　图9-81 旋转图形

17. 选择工具箱中的【文本】工具在页面中输入文字，并设置适当的字体与字号，最终效果如图9-68所示。

9.3.2 音乐会海报

本实例为设计音乐会海报，效果如图9-82所示。

图9-82 音乐会海报

197

制作音乐会海报

所用素材：光盘\素材\第9章\吉他.wmf
最终效果：光盘\效果\第9章\音乐会海报.cdr

操作步骤

1. 单击【文件】→【新建】命令，新建一个空白页面。
2. 选择工具箱中的【艺术笔】工具，在页面中绘制音符图形，并填充为暗红色，将轮廓设为无，如图9-83所示。
3. 单击图形不放并拖动一些距离，单击鼠标右键，复制音符图形，如图9-84所示。

图9-83 绘制音符　　　图9-84 复制音符

4. 将其中一个音符图形缩小，并填充白色。
5. 选择工具箱中的【交互式调和工具】，在两个音符图形之间创建调和效果，并在属性栏的【调和对象】数值框中输入20，如图9-85所示。
6. 选择工具箱中的【椭圆形】工具，在属性栏中单击【弧形】按钮，在【起始和结束角度】数值框中分别输入60和180，然后在页面中绘制弧形，如图9-86所示。

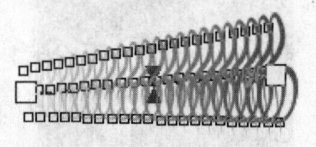

图9-85 创建调和效果　　　图9-86 绘制弧形

7. 确保调和效果处于选中状态，单击【效果】→【调和】命令，弹出【混合】泊坞窗，如图9-87所示。
8. 在【混合】泊坞窗中单击【路径】按钮，在弹出的菜单中选择【新路径】选项，然后在页面中单击弧形，如图9-88所示。

图9-87 【混合】泊坞窗　　　图9-88 沿路径调和

9. 在【混合】泊坞窗中选中【沿全路径调和】与【旋转全部对象】复选框，如图9-89所示。单击【应用】按钮，如图9-90所示。

10 单击【排列】→【拆分路径群组上的混合】命令，利用挑选工具选中弧形，将其移开，如图9-91所示。

图9-89 【混合】泊坞窗　　　　图9-90 调和效果　　　　图9-91 移除弧形

11 选择工具箱中的【形状】工具，在页面中绘制音符图形，并填充为绿色，将轮廓设为无，如图9-92所示。
12 按照步骤3～步骤10的方法对绿色音符进行处理，得到的效果如图9-93所示。

图9-92 绘制音符　　　　图9-93 创建调和效果

13 选择工具箱中的【星形】工具，在页面中绘制星形，并填充为红色，将轮廓设为无，如图9-94所示。
14 按照步骤3～步骤10的方法对星形进行处理，得到的效果如图9-95所示。

图9-94 绘制星形　　　　图9-95 创建调和效果

15 利用工具箱中的挑选工具对各个图形进行旋转，并调整位置，如图9-96所示。
16 单击【文件】→【导入】命令，弹出【导入】对话框，在【导入】对话框中选择一幅吉他素材图形，单击【导入】按钮，将其导入到页面中，并调整大小和位置，如图9-97所示。

图9-96 调整图形　　　　图9-97 导入图形

17 双击工具箱中的【矩形】工具，绘制一个与页面一样大小的矩形，并填充为深蓝色，如图9-98所示。

18 选择工具箱中的【文本】工具，在页面中输入文字，并设置字体与字号，如图9-99所示。

19 选择挑选工具选中文字，单击【排列】→【拆分美术字】命令，然后调整字母"G"与"R"的大小，如图9-100所示。

图9-98 填充图形　　图9-99 输入文字　　图9-100 调整文字

20 继续利用文本工具输入文字，并设置适当的字体与字号，最终效果如图9-82所示。

9.3.3 剧院入场券

本实例为设计剧院入场券，效果如图9-101所示。

图9-101 剧院入场券

制作剧院入场券

所用素材：光盘\素材\第9章\舞鞋.wmf、钢琴.wmf
最终效果：光盘\效果\第9章\剧院入场券.cdr

操作步骤

1 单击【文件】→【新建】命令，新建一个空白页面。

2 选择工具箱中的【矩形】工具，在页面中绘制正方形，如图9-102所示。

3 选择工具箱中的【椭圆形】工具，在页面中绘制正圆，如图9-103所示。

图9-102　绘制正方形　　　　　　　图9-103　绘制正圆

4 利用挑选工具选中正方形和圆形，单击【排列】→【对齐与分布】命令，弹出【对齐与分布】对话框，如图9-104所示。

5 在【对齐与分布】对话框中，选中【垂直居中】和【水平居中】复选框，单击【应用】按钮，效果如图9-105所示。

图9-104　【对齐与分布】对话框　　　图9-105　对齐图形

6 确保选中正方形和圆形，单击属性栏中的【移除前面对象】按钮，对图形进行造形，如图9-106所示。

7 选择工具箱中的【折线】工具，在页面中绘制线段，如图9-107所示。

8 选中页面中的全部图形，单击【排列】→【对齐与分布】→【垂直居中对齐】命令，效果如图9-108所示。

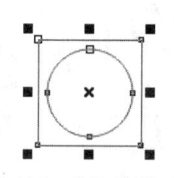

图9-106　移除前面对象　　　图9-107　绘制线段　　　图9-108　对齐图形

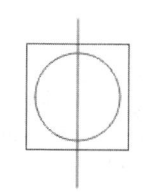

9 单击属性栏中的【修剪】按钮，对图形进行造形，然后删除多余的图形，如图9-109所示。

10 选择工具箱中的【折线】工具，在页面中绘制线段，全选图形后，单击【排列】→【对齐与分布】→【水平居中对齐】命令，效果如图9-110所示。

11 单击属性栏中的【修剪】按钮，对图形进行造形，然后删除多余的图形，如图9-111所示。

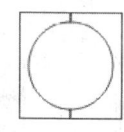

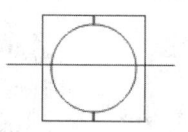

图9-109　修剪图形　　　图9-110　对齐图形　　　图9-111　修剪图形

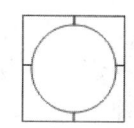

12 利用挑选工具选择页面中的图形，单击【排列】→【拆分曲线】命令。

13 选择工具箱中的【矩形】工具，在页面中绘制矩形，如图9-112所示。

14 将折分后的图形（共4个）分别放置到矩形的四个角上，如图9-113所示。

15 选择页面中的全部图形，单击属性栏中的【修剪】按钮，然后删除多余的图形，如图9-114所示。

16 选择页面中的图形，单击【排列】→【变换】→【大小】命令，弹出【转换】泊坞窗，如图9-115所示。

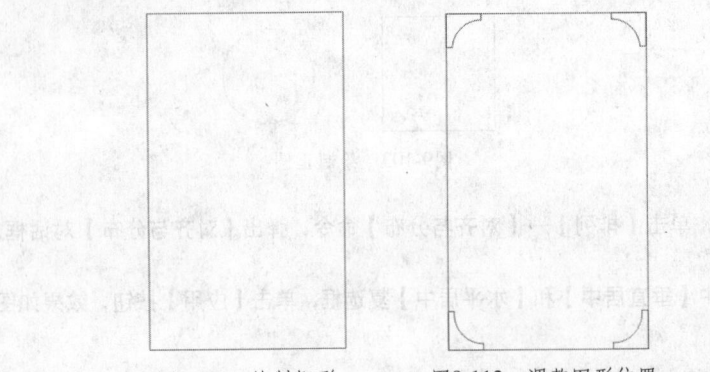

图9-112 绘制矩形　　图9-113 调整图形位置 　　图9-114 修剪图形

17. 在【变换】泊坞窗的【水平】和【垂直】数值框中改变数值（比原来的数值稍小些），在【副本】数值框中输入1，单击【应用】按钮，如图9-116所示。
18. 将图形填充为绿色，如图9-117所示。
19. 单击【文件】→【导入】命令，弹出【导入】对话框，在【导入】对话框中选择舞鞋素材图形，单击【导入】按钮，在页面中导入图形，如图9-118所示。

图9-115 【转换】泊坞窗 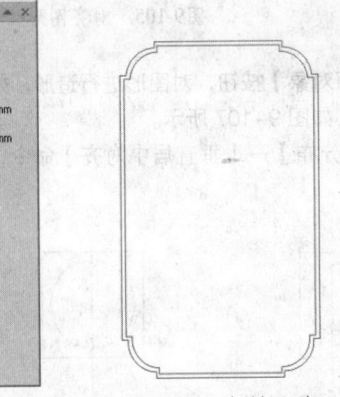　　图9-116 复制图形 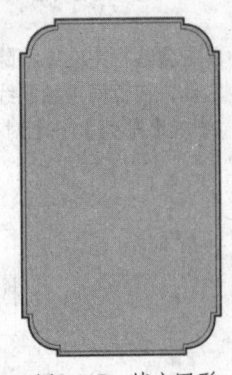　　图9-117 填充图形 　　图9-118 导入图形

20. 单击【文件】→【导入】命令，弹出【导入】对话框，在【导入】对话框中选择钢琴素材图形，单击【导入】按钮，在页面中导入图形，如图9-119所示。
21. 选择工具箱中的【文本】工具，在页面中输入文字，并设置适当的字体与字号，如图9-120所示。
22. 选择工具箱中的【折线】工具，在页面中绘制线段，并设置线段的粗细，如图9-121所示。
23. 继续使用工具箱中的【文本】工具，在页面中输入文字，并设置字体与字号，如图9-122所示。

图9-119 导入图形 　　图9-120 输入文字 　　图9-121 绘制线段 　　图9-122 输入文字

202

24 选择工具箱中的【矩形】工具在页面中绘制矩形，将其填充为绿色，并置于页面中的全部图形之后，得到的最终效果如图 9–101 所示。

9.4 光盘盘面

本实例为设计光盘盘面，效果如图 9-123 所示。

图9-123　光盘盘面设计

制作光盘盘面

所用素材：光盘\效果\第9章\视窗标志.cdr

最终效果：光盘\效果\第9章\光盘设计.cdr

操作步骤

1 单击【文件】→【新建】命令，新建一个空白页面。

2 选择工具箱中的【椭圆形】工具在页面中绘制正圆，如图 9–124 所示。

3 利用【挑选】工具选中正圆，单击【Ctrl+C】组合键复制图形，再单击【Ctrl+V】组合键粘贴图形。

4 将复制得到的正圆缩小，如图 9–125 所示。

5 重复步骤 3～步骤 4 的操作，得到更小的正圆，如图 9–126 所示。

6 利用【挑选】工具选中大圆和中圆，单击属性栏中的【移除前面对象】按钮，对图形进行造形。

7 选中造形后的图形，在工具栏中选择【渐变填充】按钮，弹出【渐变填充】对话框，在【预设】下拉列表框中选择【77- 镀金】选项，如图 9–127 所示。

图9-124　绘制正圆

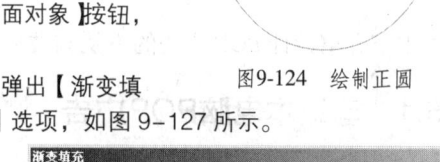

图9-125　复制并缩小图形　　图9-126　再次复制并缩小图形　　图9-127【渐变填充】对话框

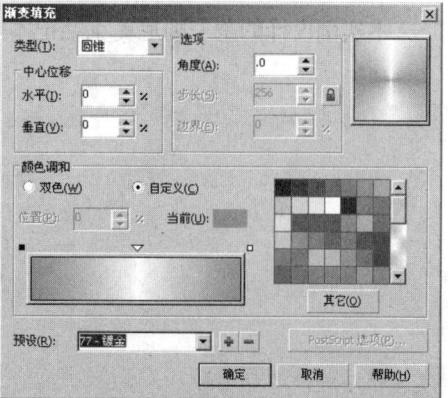

8 单击【确定】按钮，如图9-128所示。

9 单击【文件】→【导入】命令，从【导入】对话框中选择前面绘制的视窗标志，单击【导入】按钮，将图形导入到页面中，如图9-129所示。

10 选中导入的图形，单击【效果】→【图框精确剪裁】→【放置在容器中】命令，然后单击页面中造形后的图形，如图9-130所示。

图9-128 渐变填充　　　　图9-129 导入图形　　　　图9-130 图框精确剪裁

11 用鼠标右键单击图形，在弹出的快捷菜单中单击【编辑内容】命令，如图9-131所示。

12 调整图形的位置，然后用鼠标右键单击图形，在弹出的快捷菜单中单击【结束编辑】命令，如图9-132所示。

图9-131 编辑内容　　　　图9-132 退出编辑状态

13 利用工具箱中的【文本】工具在页面中输入文字，并设置适当的字体与字号，得到的最终效果如图9-123所示。

9.5 POP广告

本节介绍设计POP广告的方法与技巧。

9.5.1 笔记本电脑POP广告

本实例设计的是一则尼美克笔记本电脑POP广告，效果如图9-133所示。

图9-133 尼美克笔记本电脑POP广告

制作笔记本电脑POP广告

所用素材：光盘\素材\第9章\笔记本.cdr
最终效果：光盘\效果\第9章\笔记本电脑POP广告.cdr

操作步骤

1. 新建一个空白文档，双击【矩形】工具，创建一个和页面一样大小的矩形。
2. 选择【3点椭圆形】工具，在矩形上绘制一个椭圆，如图9-134所示。
3. 设置填充颜色为冰蓝色，设置图形无轮廓，效果如图9-135所示。
4. 分别单击【标准】工具栏中的【复制】和【粘贴】按钮，复制多个椭圆图形，缩小图形并填充相应的颜色，效果如图9-136所示。

图9-134 绘制椭圆　　　　图9-135 编辑图形　　　　图9-136 复制并填充图形

5. 参照步骤2～步骤5的操作方法，绘制并复制其他椭圆图形，为其填充相应的颜色，效果如图9-137所示。
6. 选择【贝塞尔】工具，绘制闭合曲线图形，填充其颜色为蓝色，并删除其轮廓，效果如图9-138所示。
7. 按【Ctrl+I】组合键，导入一幅笔记本电脑素材，然后设置图像的位置及大小，如图9-139所示。

图9-137 绘制并复制其他椭圆　　　　图9-138 绘制曲线图形　　　　图9-139 导入图像并添加阴影

8. 选择【文本】工具，在其属性栏中设置字体为【经典粗仿黑】，字号为60pt，输入文字"特惠"，单击调色板中的橘红色色块，填充其颜色为橘红色，然后对文字进行旋转，效果如图9-140所示。
9. 单击【文本】→【插入符号字符】命令，在弹出的【插入字符】对话框中选择所需要的字符，如图9-141所示。
10. 单击【插入】按钮，将符号插入页面中，设置为无轮廓，颜色为红色，如图9-142所示。
11. 选择【文本】工具，在符号的右边输入数字"4999"，并进行设置，如图9-143所示。

图9-140　输入文字并填充颜色 　　图9-141　【插入字符】对话框 　　图9-142　插入符号 　　图9-143　输入数字

12 输入其他文字，并设置其字体、字号、颜色和位置，并对文字进行旋转，最终的效果如图9-133所示。

9.5.2 钻戒POP广告

本实例设计的是一则美之钻钻戒POP广告，效果如图9-144所示。

图9-144　美之钻钻戒POP广告

制作钻戒POP广告

所用素材：光盘\素材\第9章\背景.jpg、钻戒a.psd、钻戒b.psd
最终效果：光盘\效果\第9章\钻戒POP广告.cdr

操作步骤

1 新建一个空白文档，双击【矩形】工具，创建一个和页面一样大小的矩形。

2 在绘图页面中的空白位置单击鼠标右键，在弹出的快捷菜单中选择【导入】选项，导入一幅背景图像，如图9-145所示。

3 单击【效果】→【图框精确裁剪】→【放置在容器中】命令，鼠标指针变为黑色箭头形状，在要作为容器的矩形上面单击，选中的内容将置于容器中，如图9-146所示。

4 导入两幅钻戒图像，并调整它们在页面中的位置，如图9-147所示。

5 选择两幅钻戒图像，选择【交互式阴影工具】，在属性栏中设置【预设列表】为【小型辉光】、【阴影的不透明】为100、【阴影羽化】为15、【透明度操作】为正常、【阴影颜色】为白色，为图像添加阴影，效果如图9-148所示。

综合案例 第9章

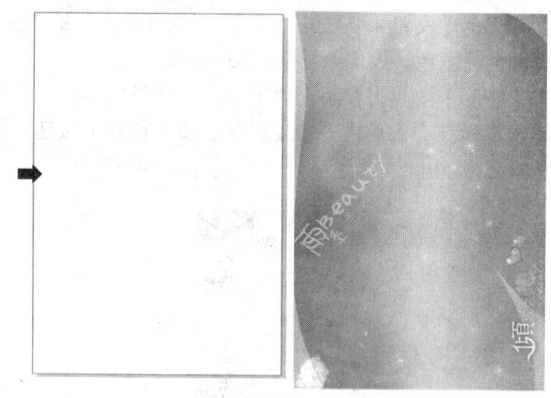

图9-145 导入背景图像　　图9-146 将背景图像放置在矩形中

6. 选择【贝塞尔】工具，在页面中绘制曲线，在属性栏中设置【轮廓宽度】为0.75mm，用鼠标右键单击调色板中的白色色块，填充轮廓颜色为白色，效果如图9-149所示。

图9-147 导入钻戒图像　　图9-148 添加阴影效果　　图9-149 绘制曲线

7. 选择【星形】工具，在属性栏中设置星形的【点数或边数】为4、【锐度】为60，在页面中绘制星形，设置为无轮廓，颜色为白色，如图9-150所示。
8. 分别单击【标准】工具栏中的【复制】和【粘贴】按钮，复制多个星形，并调整星形的大小和位置，效果如图9-151所示。
9. 选择【文本】工具，在其属性栏中设置字体为【隶书】，字号为100pt，输入文字"美之钻"，单击调色板中的白色色块，填充其颜色为白色，效果如图9-152所示。

图9-150 绘制星形　　图9-151 复制多个星形　　图9-152 输入文字"美之钻"

10 设置字体为【文鼎中特广告体】,字号为100pt,输入文字"感动她",单击调色板中的蓝色色块,填充其颜色为蓝色,效果如图9-153所示。

11 选择【矩形】工具,在页面的下方绘制细长的矩形,设置为无轮廓,单击天蓝色块填充为天蓝色,分别单击【标准】工具栏中的【复制】和【粘贴】按钮,复制多个矩形,并调整它们的位置,效果如图9-154所示。

图9-153 输入文字"感动她"　　　图9-154 在页面的下方创建多个矩形

12 选择【文本】工具,在属性栏中设置文字的字体和字号,在页面中输入文字,最终的效果如图9-144所示。

9.6 折页广告

本节介绍设计折页广告的方法与技巧。

9.6.1 手表折页广告

本实例设计的是一则瑞克手表折页广告,效果如图9-155所示。

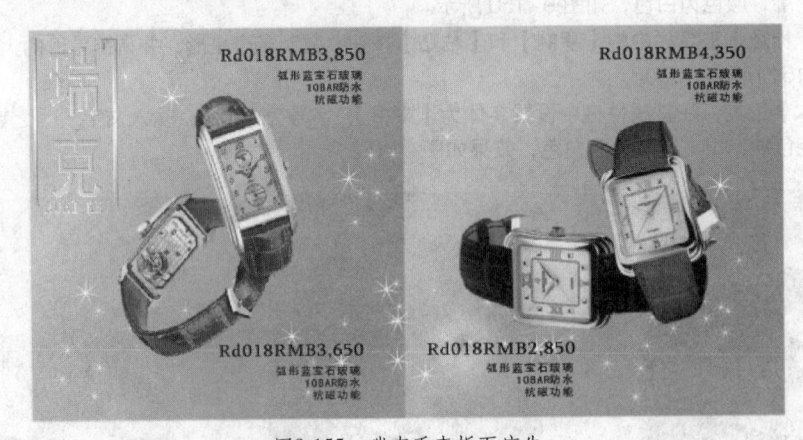

图9-155 瑞克手表折页广告

制作手表折页广告

所用素材:光盘\素材\第9章\标志.cdr、手表a.cdr、手表b.cdr
最终效果:光盘\效果\第9章\手表折页广告.cdr

综合案例 第9章

操作步骤

1. 新建一个空白文档；选择【矩形】工具，绘制一个矩形，单击【标准】工具栏中的【复制】和【粘贴】按钮，复制一个矩形，并将其调整至合适位置，效果如图9-156所示。

2. 选择左边的图形，从工具箱中选择【渐变填充】按钮，在弹出的【渐变填充】对话框中，设置【从】的颜色为CMYK20、0、0、0，【到】的颜色为CMYK50、5、0、0，如图9-157所示。

3. 单击【确定】按钮，填充图形，如图9-158所示。

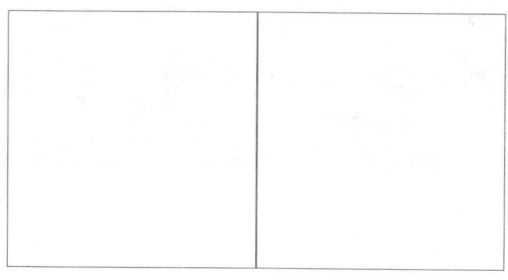

图9-156 绘制并复制矩形

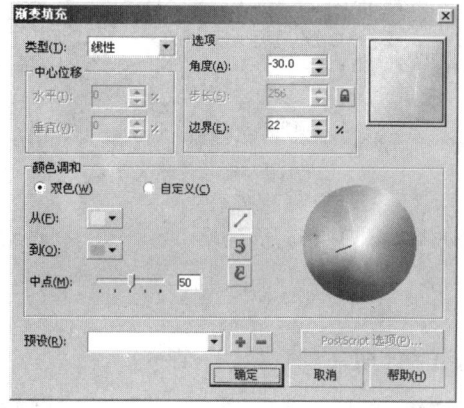

图9-157 【渐变填充】对话框

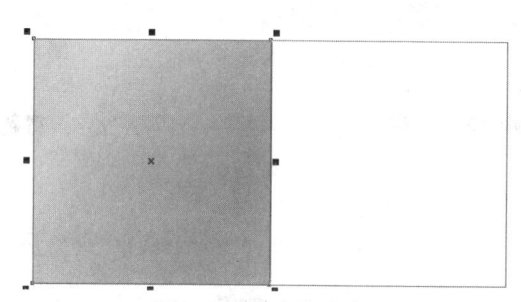

图9-158 渐变填充效果

4. 用同样的操作方法，渐变填充右侧的矩形，然后删除图形的轮廓，效果如图9-159所示。

5. 选择【星形】工具，在其属性栏中设置【点数或边数】为7、【锐度】为90，在绘图页面中绘制一个星形，填充颜色为白色，并删除其轮廓，效果如图9-160所示。

图9-159 填充图形并删除图形的轮廓

图9-160 绘制星形

6. 分别单击【标准】工具栏中的【复制】和【粘贴】按钮，复制多个星形，并调整它们的大小及位置，效果如图9-161所示。

7. 在绘图页面中单击鼠标右键，在弹出的快捷菜单中选择【导入】选项，分别导入3幅手表素材图像，并将其调整至合适的大小及位置，效果如图9-162所示。

8. 选择【文本】工具，在其属性栏中设置字体为Sylfaen，字号为18pt，输入英文字母如图9-163所示。

9. 在属性栏中设置字体为【黑体】，字号为12pt，在页面输入段落文字，在属性栏中单击【水平对齐】下拉按钮，从中选择【右】选项，设置文本右对齐，如图9-164所示。

209

图9-161 复制图形

图9-162 导入图像

图9-163 输入英文文字

图9-164 输入段落文字

10 继续在页面中的其他位置输入、调整文字，得到的最终效果如图9-155所示。

9.6.2 房地产三折页广告

本实例设计的是一则房地产三折页广告，效果如图9-165所示。

图9-165 房地产三折页广告

制作房地产三折页广告

所用素材：光盘\素材\第9章\风景.jpg、分布图.psd、标志.psd

最终效果：光盘\效果\第9章\房地产三折页广告.cdr

操作步骤

1 新建一个空白文档，选择【矩形】工具，绘制一个矩形。
2 从工具箱中选择【渐变填充】按钮，在弹出的【渐变填充】对话框中，设置1%位置的颜色为深绿色（CMYK85、35、90、5），设置100%位置的颜色为墨绿色（CMYK为95、50、95、25），其他设置如图9-166所示。

3 单击【确定】按钮，对矩形进行渐变填充，然后删除其轮廓，效果如图9-167所示。

4 参照步骤1的方法，绘制矩形，填充颜色为绿色（CMYK为88、30、95、2），并删除其轮廓，效果如图9-168所示。

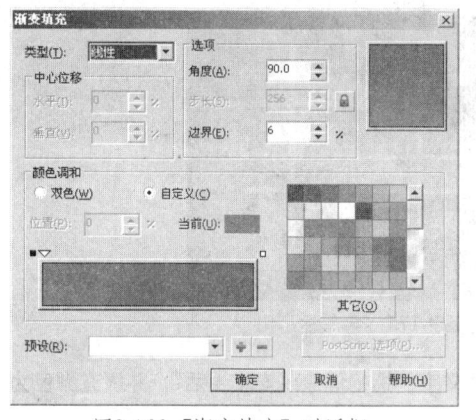

图9-166 【渐变填充】对话框　　图9-167 填充矩形　　图9-168 绘制矩形并填充颜色

5 单击【标准】工具栏中的【导入】按钮，导入一幅风景素材图像，并将其调整至合适位置及大小，效果如图9-169所示。

6 选择【椭圆形】工具，绘制一个椭圆，设置填充颜色为绿色，然后删除其轮廓，效果如图9-170所示。

7 选择【矩形】工具，绘制矩形，并填充颜色为白色，然后复制多个矩形，调整在页面中的位置，如图9-171所示。

图9-169 导入图像　　图9-170 绘制椭圆　　图9-171 绘制矩形

8 选择【椭圆形】工具，在按住【Ctrl】键的同时，绘制一个正圆，填充颜色为白色并删除其轮廓，用其作为路标图形，复制多个正圆，并调整其位置，如图9-172所示。

9 继续复制正圆形，改变填充颜色为红色，调整到如图9-173所示的位置。

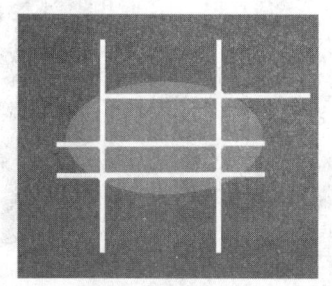

图9-172 绘制路标图形　　图9-173 红色正圆形

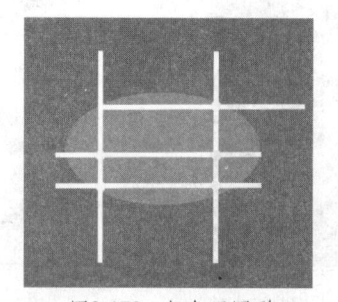

10 选择【文本】工具,在其属性栏中设置字体为【黑体】,字号为 6pt,输入路标文字,并将其调整至合适位置及大小,效果如图 9-174 所示。

11 导入企业标识图形,并将其调整至合适位置及大小,效果如图 9-175 所示。

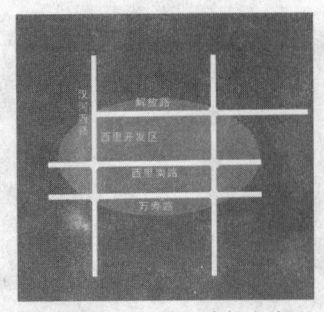

图9-174 输入路标文字　　　　图9-175 导入标志图形

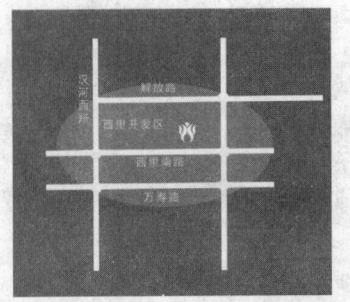

12 选择【文本】工具,在其属性栏中设置字体、字号,输入文字"拥抱健康·安享生活",并填充颜色为白色,广告的 A 面效果如图 9-176 所示。

13 用同样的方法,制作广告 B 面和 C 面的效果,如图 9-177 所示。

图9-176 输入文字　　　　图9-177 制作其他面的效果

14 选择【挑选】工具,在按住【Shift】键的同时,选中 A 面中的所有图形,单击【Ctrl+G】组合键,使它们成为群组图形,如图 9-178 所示。

15 单击【窗口】→【泊坞窗】→【变换】→【倾斜】命令,打开【转换】泊坞窗,选中【使用锚点】复选框,然后按照图 9-179 所示的参数进行设置。

16 设置完成后,单击【应用】按钮,应用倾斜变换,效果如图 9-180 所示。

图9-178 组合图形　　　　图9-179 设置倾斜参数　　　　图9-180 倾斜变换图像

17 选择【挑选】工具，在按住【Shift】键的同时，选中 B 面中的所有图形，单击【Ctrl+G】组合键，使它们成为群组图形。

18 在【转换】泊坞窗按照如图 9-181 所示的参数进行设置，单击【应用】按钮，得到的效果如图 9-182 所示。

图9-181　设置倾斜参数

图9-182　倾斜变换图像

19 用同样的方法，为 C 面中的图形应用变换，参数设置同 A 面中的一样，得到的立体效果如图 9-165 所示。

9.7　年历

本实例为设计一款年历，效果如图 9-183 所示。

图9-183　年历

制作年历

所用素材：光盘\素材\第9章\狗.wmf
最终效果：光盘\效果\第9章\年历.cdr

操作步骤

1 单击【文件】→【新建】命令，新建一个空白页面。

213

中文版CoreIDRAW X5经典教程

2. 单击工具箱中的【多边形】工具，在属性栏的【点数或边数】文本框中输入3，然后在页面中绘制正三角形，如图9-184所示。
3. 选择工具箱中的【折线】工具在页面中绘制线段，如图9-185所示。
4. 利用【挑选】工具选中页面中的全部图形，单击【排列】→【对齐与分布】→【垂直居中对齐】命令，如图9-186所示。

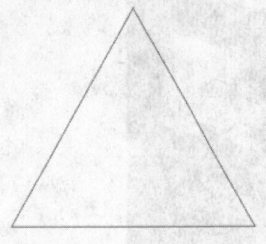

图9-184 绘制正三角形　　　图9-185 绘制线段　　　图9-186 垂直居中对齐

5. 单击属性栏中的【修剪】按钮，然后单击【排列】→【拆分曲线】命令，并删除多余的图形，如图9-187所示。
6. 选择【挑选】工具单击图形，然后移动旋转的中心，如图9-188所示。
7. 单击【排列】→【变换】→【旋转】命令，弹出【转换】泊坞窗，在【角度】文本框中输入30，如图9-189所示。

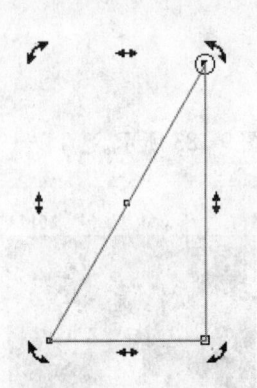

图9-187 删除多余图形　　　图9-188 移动旋转中心　　　图9-189 【转换】泊坞窗

8. 在【副本】数值框中输入11，单击【应用】按钮，效果如图9-190所示。
9. 对页面中的图形填充各种颜色，并设置为无轮廓，如图9-191所示。

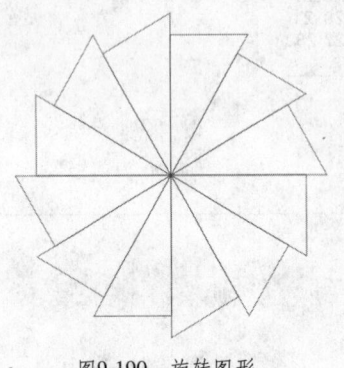

图9-190 旋转图形　　　图9-191 填充图形

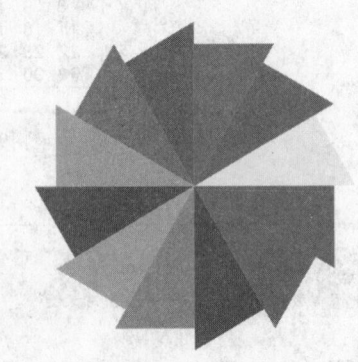

10. 选择【挑选】工具选中页面中的全部图形，单击【排列】→【群组】命令。

11 选择工具箱中的【矩形】工具在页面中绘制矩形，如图9-192所示。
12 利用【挑选】工具选中填充后的图形，单击【效果】→【图框精确剪裁】→【放置在容器中】命令，然后单击矩形，如图9-193所示。
13 单击【文件】→【导入】命令，弹出【导入】对话框，从中选择一幅狗的素材图形，如图9-194所示。

图9-192 绘制矩形

图9-193 图框精确剪裁

图9-194 【导入】对话框

14 单击【导入】按钮，在页面中导入图形并调整其大小及位置，如图9-195所示。
15 选择工具箱中的【文本】工具在页面中输入文字，并设置适当的字体和字号，如图9-196所示。
16 继续利用【文本】工具输入日期，并利用【网格】功能进行对齐，如图9-197所示。

图9-195 导入图形

图9-196 输入文字

图9-197 输入日期

17 选择工具箱中的【折线】工具在页面中绘制两条线段，得到的最终效果如图9-183所示。

9.8 户外广告

本节介绍设计户外广告的方法与技巧。

9.8.1 灯箱广告

本实例设计的是一则三星液晶显示器灯箱广告，效果如图9-198所示。

图9-198 灯箱广告

制作灯箱广告

所用素材：光盘\素材\第9章\三星液晶 a.psd、三星液晶 b.psd、广告牌 psd

最终效果：光盘\效果\第9章\灯箱广告.cdr

操作步骤

1 新建一个空白文档，选择【矩形】工具，在绘图页面中的合适位置绘制一个矩形，填充其颜色为白色，效果如图 9-199 所示。

2 在绘图页面中的空白位置单击鼠标右键，在弹出的快捷菜单中选择【导入】选项，导入一幅液晶显示器素材图像，并调整大小和位置，如图 9-200 所示。

图9-199 绘制并填充矩形　　　　　　　图9-200 导入图像

3 用同样的方法，导入另一幅液晶显示器素材图像，并调整其至合适大小及位置，效果如图 9-201 所示。

4 选择【文本】工具，设置字体为【文鼎中特广告体】，字号为 36pt，在页面中输入文字"冲出束缚的多面手"，单击调色板中的橘红色块，填充文字颜色为橘红色，效果如图 9-202 所示。

图9-201 导入图像　　　　　　　图9-202 输入文字并设置文字属性

5 在页面中的其他位置输入文字，并设置其字体、字号、颜色和位置，效果如图9-203所示。
6 选择【矩形】工具，按住【Ctrl】键的同时，在绘图页面中绘制一个正方形。
7 单击调色板中青色块，填充矩形，并删除其轮廓，效果如图9-204所示。

图9-203 输入段落文本   图9-204 绘制的正方形

8 分别单击【标准】工具栏中的【复制】和【粘贴】按钮，复制多个矩形并调整矩形的位置，效果如图9-205所示。
9 选择【挑选】工具，全选页面中的图形，单击【排列】→【群组】命令，将页面中的所有图形组合到一起。
10 单击【文件】→【导入】命令，导入一幅广告牌素材图像，如图9-206所示。

图9-205 复制的正方形   图9-206 导入图像

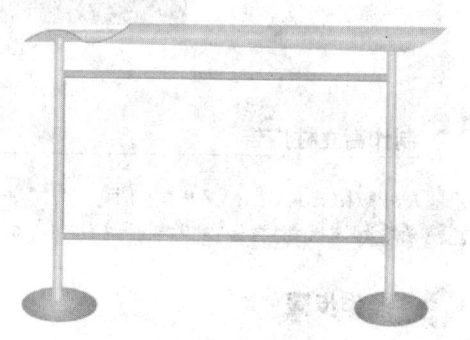

11 选择【挑选】工具，将液晶显示器平面图拖拽至刚导入的广告牌中，并将其调整至合适的大小及位置，如图9-207所示。

图9-207 导入图像并调整大小及位置

12 为文件添加背景，得到的最终效果如图9-198所示。

9.8.2 高立柱广告

本实例设计的是一幅双星手机高立柱广告效果图，如图9-208所示。

图9-208 高立柱广告

制作高立柱广告

所用素材：光盘\素材\第9章\手机.psd、高立柱.jpg
最终效果：光盘\效果\第9章\高立柱广告.cdr

操作步骤

1. 新建一个空白文档，选择【矩形】工具，绘制一个矩形。
2. 单击【F11】键，在弹出的【渐变填充】对话框中，选中【双色】单选按钮，设置【从】的颜色为蓝色（CMYK为70、15、6、0），【到】的颜色为黑色（CMYK为40、0、0、0），其他设置如图9-209所示。
3. 单击【确定】按钮，渐变填充矩形，并删除其轮廓，效果如图9-210所示。
4. 选择【折线】工具，绘制多边形，对其进行渐变填充，然后删除其轮廓，效果如图9-211所示。

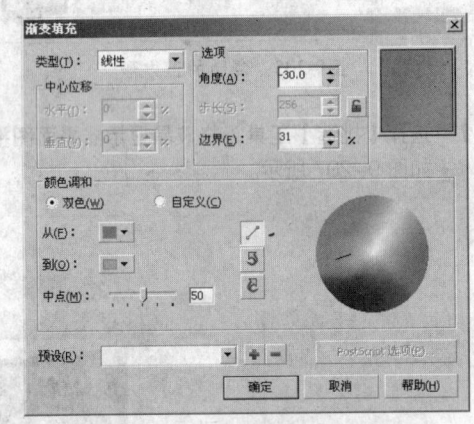

图9-209 【渐变填充】对话框

图9-210 删除轮廓后的矩形

图9-211 绘制的多边形

218

5 在绘图页面中的空白位置单击鼠标右键,在弹出的快捷菜单中选择【导入】选项,导入一幅手机图像,效果如图9-212所示。

6 单击【F8】键选择【文本】工具,在其属性栏中设置字体为【方正综艺简体】,字号为30pt,输入文字"梦幻魅力,极致精彩",效果如图9-213所示。

图9-212 导入手机图像　　　　　　　　　图9-213 输入文字

7 选中文字,单击【窗口】→【泊坞窗】→【颜色】命令,在弹出的【颜色】泊坞窗中设置颜色为青色(CMYK为100、0、0、0),单击【填充】按钮,为文字填充颜色,如图9-214所示。

8 单击【F12】键,在弹出的【轮廓笔】对话框中,设置【宽度】为1mm、【颜色】为白色(CMYK为0),并选中【后台填充】复选框,如图9-215所示。

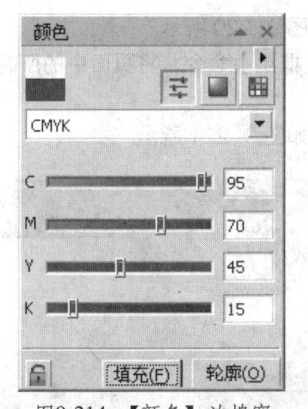

图9-214 【颜色】泊坞窗　　　　　　　　图9-215 【轮廓笔】对话框

9 单击【确定】按钮,为文字设置轮廓属性,效果如图9-216所示。

10 选中文字"幻",在其属性栏中设置字号为48pt。

11 选中所有文字,单击【排列】→【打散美术字】命令,打散文字。

12 选中文字"彩",单击鼠标右键,在弹出的快捷菜单中选择【转换为曲线】选项,将文字转换为曲线图形,选择【形状】工具,调整文字形状,效果如图9-217所示。

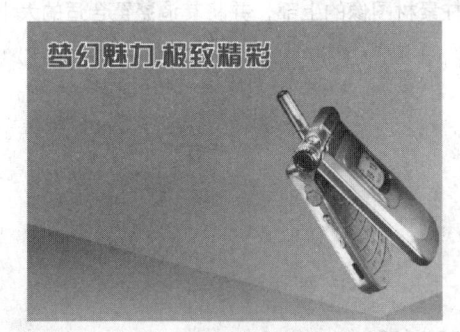

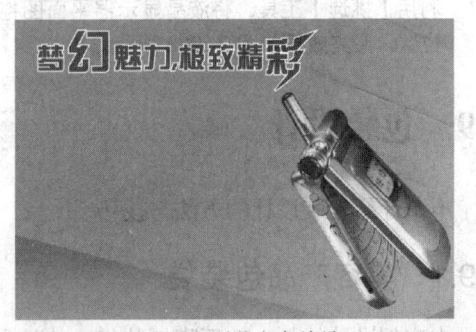

图9-216 文字效果　　　　　　　　　　　图9-217 调整文字效果

13 选中"彩"文字图形,单击【F11】键,在弹出的【渐变填充】对话框中,选择【自定义】单选按钮,在【预设】下拉列表中选择一种渐变色,并调整色块的位置,其他参数如图9-218所示。

14 单击【确定】按钮,对文字图形应用渐变填充,效果如图9-219所示。

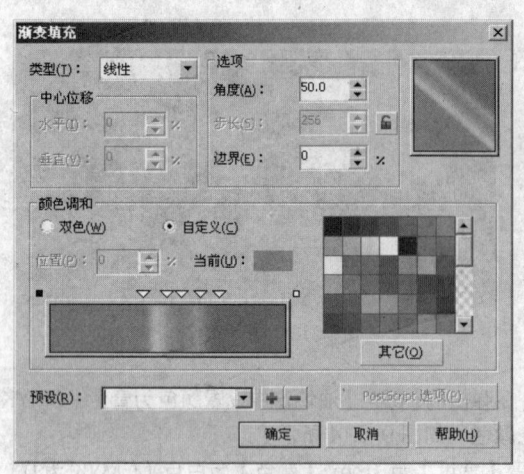

图9-218 【渐变填充】对话框　　　　　　图9-219 渐变填充后的效果

15 输入其他文字,并设置其字体、字号、颜色和位置,效果如图9-220所示。

16 选择【挑选】工具,全选页面中的图形,单击【排列】→【群组】命令,将页面中的所有图形组合到一起。

17 单击【文件】→【导入】命令,导入一幅高立柱素材图像,如图9-221所示。

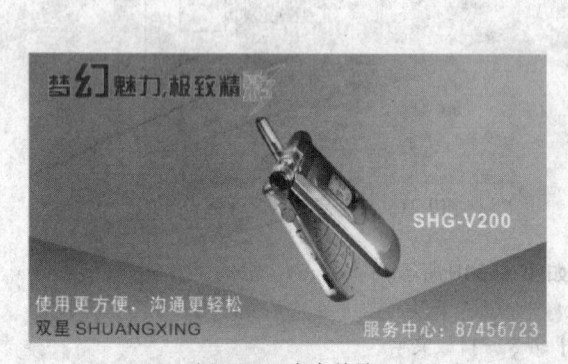

图9-220 文字效果　　　　　　图9-221 导入素材

18 利用【挑选】工具,将液晶显示器平面图拖拽至高立柱素材图像的上部,并将其调整至合适的大小及位置,最终效果如图9-208所示。

9.9 包装设计

本节介绍包装设计的方法与技巧。

9.9.1 美容产品包装袋

本实例设计的是一款面膜包装袋,其效果如图9-222所示。

综合案例 第9章

图9-222 面膜包装

制作美容产品包装袋

所用素材：光盘\素材\第9章\相宜本草.psd、竹叶.psd

最终效果：光盘\效果\第9章\美容产品包装.cdr

操作步骤

1. 新建一个空白文档，然后选择【矩形】工具，绘制一个矩形，填充矩形的颜色为灰色，然后设置为无轮廓，如图9-223所示。
2. 选择【贝塞尔】工具，在矩形的上方绘制图形，填充为绿色，然后设置为无轮廓，如图9-224所示。
3. 使用【贝塞尔】工具，继续在页面中绘制图形并填充颜色，然后设置为无轮廓，如图9-225所示。

图9-223 绘制矩形　　　图9-224 绘制图形（一）　　　图9-225 绘制图形（二）

4. 单击【文件】→【导入】命令，导入一幅标识素材图像，然后调整图像的大小及位置，如图9-226所示。
5. 选择【文本】工具，在其属性栏中设置字体为【文鼎CS中黑】，字号为36pt，输入文字"补水醒肤晶莹面膜"，如图9-227所示。
6. 继续输入文字并调整文字的位置，如图9-228所示。
7. 单击【文件】→【导入】命令，导入一幅竹叶素材图像，然后调整图像的大小及位置，如图9-229所示。
8. 选择【文本】工具，设置字体、字号及颜色，在页面的下方输入文字，并调整文字到合适的位置，如图9-230所示。
9. 双击【矩形】工具，绘制一个和页面一样大小的矩形（用来做背景）。

221

中文版CorelDRAW X5经典教程

图9-226 导入素材图像　　图9-227 输入文字　　图9-228 输入并调整文字

图9-229 导入素材图像　　图9-230 输入文字

10. 从工具箱中选择【渐变填充】按钮,打开【渐变填充】对话框,设置【从】的颜色为白色,【到】的颜色为蓝色,如图9-231所示。
11. 单击【确定】按钮,为矩形填充渐变,效果如图9-232所示。
12. 使用矩形工具在页面中绘制矩形,填充为白色,然后删除其轮廓,如图9-233所示。

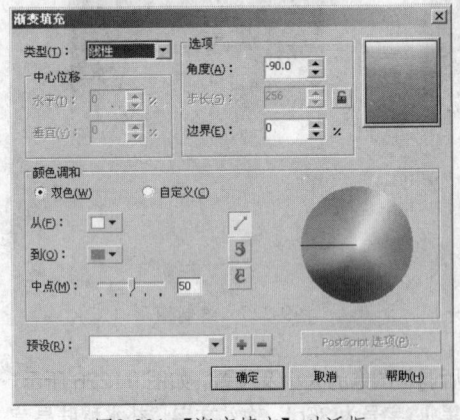

图9-231 【渐变填充】对话框　　图9-232 填充图形　　图9-233 绘制矩形

13. 分别单击【标准】工具栏中的【复制】与【粘贴】按钮,复制矩形并调整位置,如图9-234所示。
14. 除矩形背景外,将其他所有对象选中,单击【排列】→【群组】命令,将图形组合到一起。
15. 单击【窗口】→【泊坞窗】→【变换】→【倾斜】命令,打开【转换】泊坞窗,按照图9-235所示的参数进行设置,单击【应用】按钮,对图形进行倾斜变换,如图9-236所示。

222

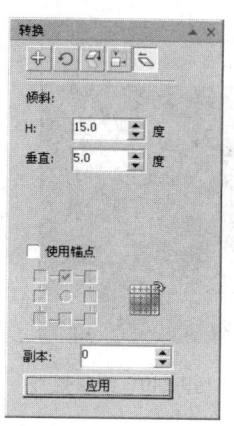

图9-234　调整矩形　　　　图9-235　【转换】泊坞窗　　　　图9-236　变换图形

16 分别单击【标准】工具栏中的【复制】与【粘贴】按钮，复制三份图形并调整它们的位置，得到的最终效果如图9-222所示。

9.9.2　产品包装盒

本实例为设计一款产品包装盒，效果如图9-237所示。

图9-237　产品包装盒

制作产品包装盒

所用素材：光盘\效果\第9章\视窗标志.cdr

最终效果：光盘\效果\第9章\产品包装盒.cdr

操作步骤

1 单击【文件】→【新建】命令，新建一个空白页面。

2 为了图形绘制上的方便，单击【视图】→【网格】命令，然后单击【视图】→【贴齐网格】命令。

3 选择【矩形】工具在页面中绘制矩形，如图9-238所示。

4 选中矩形，从工具箱中选择【渐变填充】按钮，弹出【渐变填充】对话框，在【类型】下拉列表框中选择【射线】选项，在【从】下拉列表框中选择蓝色，在【中点】文本框中输入80，单击【确定】按钮，如图9-239所示。

5 继续利用矩形工具绘制两个矩形，如图9-240所示。

6 对矩形用蓝色进行填充，如图9-241所示。

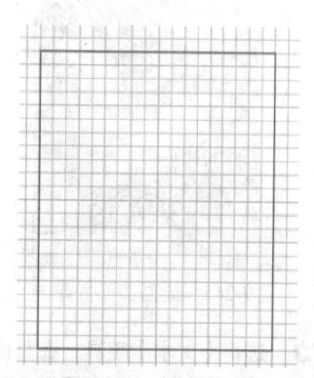

图9-238　绘制矩形

图9-239 填充图形 　　　　图9-240 绘制矩形 　　　　图9-241 填充图形

7 选择【矩形】工具，在属性栏的【圆角半径】文本框中输入4，然后在页面中绘制圆角矩形，并用白色进行填充，如图9-242所示。

8 继续绘制圆角矩形，并填充为白色，然后将它们置于后部，如图9-243所示。

9 继续利用矩形工具绘制圆角矩形，并填充为白色，然后将其置于后部，如图9-244所示。

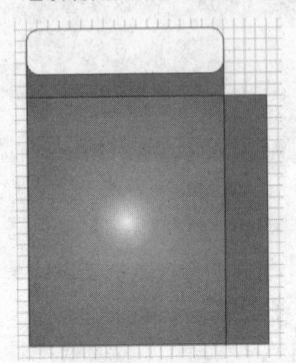

图9-242 绘制圆角矩形并填充（一） 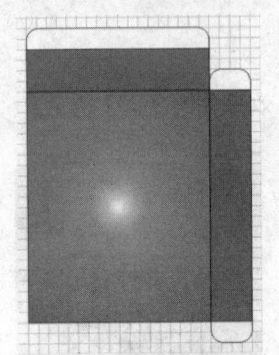　　　　图9-243 绘制圆角矩形并填充（二） 　　　　图9-244 绘制圆角矩形并填充（三）

10 双击工具箱中的【矩形】工具，绘制一个与页面一样大小的矩形，并填充为灰色，然后单击【排列】→【锁定对象】命令，将其锁定，如图9-245所示。

11 利用挑选工具选中页面中所有的图形，在调色板中将轮廓设为无，如图9-246所示。

12 单击【文件】→【导入】命令，弹出【导入】对话框，从中选择一幅视窗标志素材图形，单击【导入】按钮，将图形导入到页面中，如图9-247所示。

图9-245 绘制矩形并填充 　　　　图9-246 将图形的轮廓设为无 　　　　图9-247 导入图形

13 选择【文本】工具，在页面中输入文字，并设置适当的字体与字号，如图9-248所示。

14 选中页面中的所有图形（除了最左侧的白色圆角矩形之外），单击【排列】→【群组】命令。

15. 用鼠标单击群组后的图形不放并拖动一些距离，单击鼠标右键，复制图形，然后调整其位置，如图 9-249 所示。

图9-248 输入文字　　　图9-249 复制图形

16. 将复制得到的图形取消群组，然后将右上部的图形移至右下部，并对其垂直镜像，如图 9-250 所示。

图9-250 调整图形

17. 可对产品的三个面进行变形，得到立面效果图，如图 9-237 所示。

9.10 书籍封面设计

本实例为设计书籍封面，效果如图 9-251 所示。

图9-251 封面设计

中文版CoreIDRAW X5经典教程

制作书籍封面

所用素材：光盘\素材\第9章\古代人物1.wmf、古代人物2.wmf
最终效果：光盘\效果\第9章\书籍封面.cdr

操作步骤

1. 单击【文件】→【新建】命令，新建一个空白页面。
2. 选择工具箱中的【矩形】工具在页面中绘制两个大小不一的矩形，如图9-252所示。
3. 将两个矩形均填充为黄色。
4. 单击工具箱中的【螺纹】工具，单击属性栏中的【对数式螺纹】按钮，并在【螺纹扩展参数】文本框中输入36，然后在页面中绘制螺纹，如图9-253所示。
5. 利用【挑选】工具选中螺纹图形，单击【效果】→【艺术笔】命令，弹出【艺术笔】泊坞窗，从中选择一种艺术笔样式，如图9-254所示。

图9-252 绘制矩形　　图9-253 绘制螺纹　　图9-254 【艺术笔】泊坞窗

6. 单击【应用】按钮，然后在属性栏的【笔触宽度】文本框中输入4，如图9-255所示。
7. 将螺纹图形填充为绿色，并将轮廓设为无，如图9-256所示。

图9-255 应用艺术笔效果　　图9-256 填充图形

8. 利用【挑选】工具选中螺纹图形，单击【效果】→【图框精确剪裁】→【放置在容器中】命令，然后单击页面中较大的矩形，如图9-257所示。
9. 用鼠标单击较大的矩形不放并拖拽，然后单击鼠标右键，复制矩形，并调整矩形位置，如图9-258所示。
10. 单击【文件】→【导入】命令，弹出【导入】对话框，从中选择并导入一幅古代人物素材图形，如图9-259所示。
11. 继续导入图形，如图9-260所示。

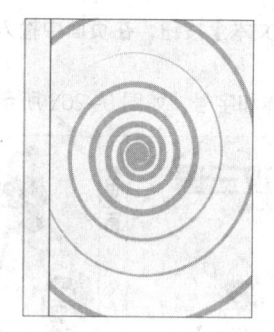

图9-257 图形精确剪裁

图9-258 复制图形

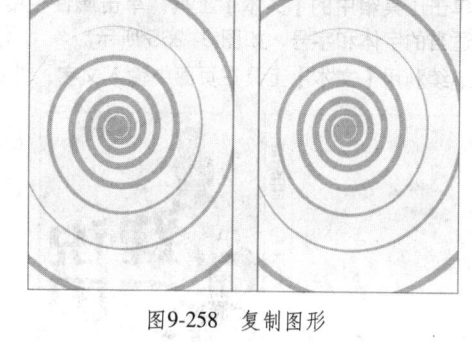

图9-259 导入图形（一）

图9-260 导入图形（二）

12 选择工具箱中的【文本】工具在页面中输入文字，并设置适当的字体和字号，如图9-261所示。

13 利用【挑选】工具选中文字，单击【效果】→【封套】命令，弹出【封套】泊坞窗，从中单击【添加预设】按钮，并选择一种封套样式，如图9-262所示。

图9-261 输入文字

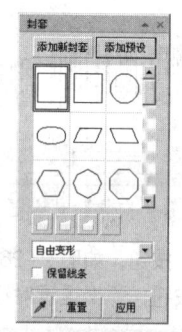

图9-262 【封套】泊坞窗

14 单击【应用】按钮，并利用鼠标调整文字右侧的两个控制柄，如图9-263所示。

15 继续利用【文本】工具在页面中输入文字，并设置适当的字体和字号，如图9-264所示。

图9-263 调整封套控制柄

图9-264 输入文字

227

16 单击工具箱中的【文本】工具，单击属性栏中的【垂直排列文本】按钮，在页面中输入文字，并设置适当的字体和字号，如图9-265所示。

17 继续利用【文本】工具在页面中输入文字，并设置适当的字体和字号，如图9-266所示。

图9-265 输入文字　　　　　　　　　图9-266 输入文字

18 单击工具栏中的【应用程序启动器】按钮，在弹出的下拉列表中单击Corel BARCODE WIZARD命令，弹出【条码向导】对话框，从中设置相应的条码参数，如图9-267所示。

19 单击【下一步】按钮，如图9-268所示。

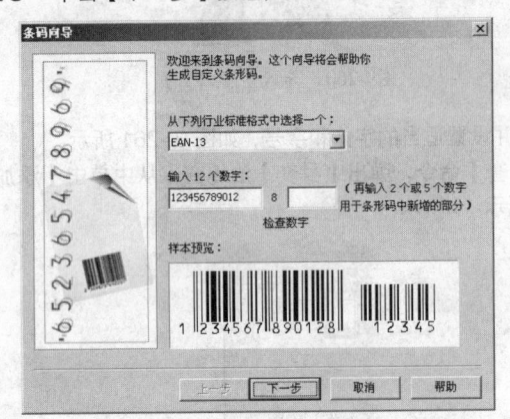

图9-267 【条码向导】对话框　　　　图9-268 设置条形码参数（一）

20 单击【下一步】按钮，如图9-269所示。

21 单击【完成】按钮，弹出提示对话框，如图9-270所示。

图9-269 设置条形码参数（二）　　　图9-270 提示对话框

22 在提示对话框中单击【是】按钮，然后单击【Ctrl+V】组合键粘贴条形码，得到的最终效果如图9-251所示。

习题参考答案

第1章

1. 填空题

（1）矢量　点阵

（2）图像　形状　直线　文本　曲线　符号　图层

（3）大小　颜色　形状　弯曲程度　位置

2. 问答题（略）

3. 上机题（略）

第2章

1. 填空题

（1）长方形　正方形　圆角矩形

（2）表格

（3）多边形　星形

2. 问答题（略）

3. 上机题（略）

第3章

1. 填空题

（1）手绘工具　贝塞尔工具　折线工具　艺术笔工具　形状工具　钢笔工具

（2）线段　不规则的曲线

（3）节点　形状

2. 问答题（略）

3. 上机题（略）

第4章

1. 填空题

（1）线条图形　封闭　开放

（2）颜色　宽度　样式　角形状　线端样式

2. 问答题（略）

3. 上机题（略）

第5章

1. 填空题

（1）选定

（2）选择工具　泊坞窗

（3）叠放顺序

2. 问答题（略）

3. 上机题（略）

第6章

1. 填空题

（1）让文本沿曲线排列　文本绕图效果

（2）美术字文本　段落文本

（3）文本字符　格式上

2. 问答题（略）

3. 上机题（略）

229

第7章

1. 填空题

(1) 图形对象　文本对象

(2) 形状　颜色

(3) 推拉　拉链　扭曲

2. 问答题（略）

3. 上机题（略）

第8章

1. 填空题

(1) 编辑处理

(2) 矢量图形　位图图像　位图图像　矢量图形

(3) 色阶变化　色彩平衡度　反转　极色化

2. 问答题（略）

3. 上机题（略）